VERZAMELING

ASTROFYSICA

DE STERREN VAN HET

UNIVERSUM

VOLUME IK

JOSÉ RUIZ WATZECK

samenvatting

SAMENVATTING

De sterren zijn een van de meest fascinerende entiteiten in het universum en sinds de oudheid zijn ze het onderwerp van studie en verwondering geweest. Met de komst van moderne technologie konden we de aard van deze kosmische entiteiten, de bouwstenen van het universum, beter ontdekken en begrijpen.

In dit boek zullen we de grootste bekende sterren in het universum verkennen, die onvoorstelbare afmetingen hebben en ons begrip van de stellaire fysica op de proef stellen. Deze sterren variëren in grootte, helderheid en leeftijd en bieden unieke inzichten in de evolutie en dynamiek van het universum.

De vorming van een gigantische ster begint met de ineenstorting door de zwaartekracht van een moleculaire wolk van gas en stof. Naarmate de wolk samentrekt, nemen de temperatuur en dichtheid in de kern toe totdat er een nucleaire ontsteking plaatsvindt, waardoor de fusie van waterstof tot helium op gang komt. De energie die bij dit proces vrijkomt, houdt de ster in stand, die in een hydrostatisch evenwicht komt tussen de zwaartekracht en de stralingsdruk.

De grootste sterren in het universum volgen echter een ander evolutionair pad. Omdat ze een veel grotere massa hebben dan de zon, verbranden ze hun nucleaire brandstof veel sneller. Als gevolg hiervan is hun levensduur aanzienlijk korter en is hun uiteindelijke lot heel anders.

Als de ster het einde van zijn leven nadert, ondergaat hij een reeks thermonucleaire explosies die uitmonden in een supernova. Daarbij komt een ongelooflijke hoeveelheid energie vrij en dit kan leiden tot de vorming van compacte stellaire objecten, zoals zwarte gaten of neutronensterren.

De interne structuur van een gigantische ster wordt beïnvloed door zijn massa, temperatuur en leeftijd. Naarmate de ster ouder wordt, zet hij uit en koelt hij af, wat resulteert in een steeds dunnere atmosfeer en een steeds dichter wordende kern.

Reuzensterren staan bekend om hun hoge helderheid, wat een maat is voor de hoeveelheid energie die ze uitstralen. Dit komt omdat deze sterren in hun kern een zeer hoge mate van kernfusie hebben, wat resulteert in het vrijkomen van enorme hoeveelheden energie in de vorm van elektromagnetische straling. Sommige van deze sterren kunnen meer dan een miljoen keer de helderheid van de zon uitstralen. Gigantische sterren hebben belangrijke implicaties voor de evolutie van het universum, ze zijn verantwoordelijk voor de productie van zware elementen, zoals ijzer, die essentieel zijn voor de vorming van planeten en het leven. Ook kan een supernova-explosie resulteren in de vorming van nieuwe sterren en planetaire systemen.

Reuzensterren kunnen echter ook een gevaar vormen voor het leven in het universum, een supernova-explosie kan extreem destructief zijn en al het leven in een nabij sterrenstelsel wegvagen.

Astronomische metingen worden gebruikt om hemellichamen te bestuderen en het universum te begrijpen. Deze metingen worden gedaan met behulp van speciale eenheden om afstanden, afmetingen, massa's en andere eigenschappen van hemellichamen te kwantificeren.

Enkele van de meest gebruikte eenheden in de astronomie zijn: Astronomische eenheid (AU): gebruikt om afstanden binnen het zonnestelsel te meten, overeenkomend met de gemiddelde afstand tussen de aarde en de zon, ongeveer 150 miljoen kilometer.

Lichtjaar (AL): gebruikt om afstanden buiten het zonnestelsel te meten, overeenkomend met de afstand die het licht in één jaar aflegt, gelijk aan 9,5 biljoen kilometer.

Parsec (pc) – Een andere eenheid voor afstandsmeting buiten het zonnestelsel, die overeenkomt met de afstand waarop een ster een parallax van één boogseconde zou hebben, wat neerkomt op 3,2 AL (lichtjaar). We kunnen de meting van megaparsecs en gigaparsecs ook toepassen op grotere afstanden, maar dat is een onderwerp voor een toekomstig boek.

Schijnbare magnitude – Wordt gebruikt om de helderheid van hemellichamen te meten, waarbij kleinere getallen een grotere helderheid aangeven.
Absolute magnitude: wordt gebruikt om de intrinsieke helderheid van een hemellichaam te meten, waarbij de schijnbare magnitude wordt aangepast op basis van de afstand.

Radiaal (rad): gebruikt om hoeken in de lucht te meten, overeenkomend met de centrale hoek die wordt ingesloten door een boog met een lengte die gelijk is aan de straal van de omtrek.

Deze astronomische metingen zijn essentieel voor het onderzoeken en begrijpen van het universum en worden gebruikt in verschillende gebieden van de astronomie, zoals astrofysica, astrobiologie en kosmologie.

Tot slot, de sterren zijn echte kosmische reuzen die ons begrip van het universum op de proef stellen. Zijn grootte, helderheid en evolutie vormen een unieke reeks uitdagingen voor de stellaire fysica en ons begrip van de dynamiek van het universum. Bovendien hebben deze sterren belangrijke implicaties voor de evolutie van het universum en zouden ze een cruciale rol kunnen spelen bij de vorming van planeten en leven. Dit boek biedt een gedetailleerde en toegankelijke kijk op deze buitengewone hemelverschijnselen en hun belang voor ons begrip van het universum.

ZON

Met betrekking tot alle lichamen in ons zonnestelsel, zoals kometen, sterrenstof, asteroïden, planeten, natuurlijke satellieten, enz., draaien ze om deze ster. Geclassificeerd als een gele dwergverantwoordelijk voor 99,86% van depastavan het zonnestelsel heeft de zon een massa van 332.900 keer die van de aarde.Land, het is van jouvolumeHet is 1,3 miljoen keer groter dan dat van onze planeet. De afstand van de aarde tot de zon is ongeveer 150 miljoenkilometerof 1astronomische eenheid(AU). Deze afstand varieert gedurende het jaar, van minimaal 147,1 miljoen kilometer (0,9833 AU) in het perihelium[1], tot een maximum van 152,1 miljoen kilometer (1.017 AU), inaphelium[2](wat rond de dag gebeurt4 juli).

---

[1] Inastronomie, perihelium (of perihelium), dat afkomstig is van peri (rond, dichtbij) en helium (zon), is het punt vanbanenook van een lichaamvliegtuig,dwergplaneet,asteroïdeofvlieger, wat dichterbij isZon. Wanneer een lichaam zich in het perihelium bevindt, heeft het de grootstesnelheidinvertalingvan zijn hele baan Wanneer het lichaam in kwestie in een baan om een ander hemellichaam dan de zon draait, wordt de generieke naam gebruikt.periastromaom dat punt te identificeren.

[2]apheliumis het punt vanbanenwaarinvliegtuigof eenklein lichaam van het zonnestelselis verder vanZon. Als het een object is dat om een andere ster dan de zon draait, wordt dit punt genoemdapostrof. De banen van alle planeten zijn altijdelliptisch, altijd met een punt verder weg (aphelium) en een punt dichterbij (perihelium).

Licht van de zon doet er ongeveer 500 seconden over, of 8 minuten en 34 seconden om de aarde te bereiken, de primaire samenstelling is 74% van zijn massa of 91% van zijn volume, het vormt waterstof, 24% van zijn massa of 7% van zijn volume, wordt gevormd door helium en de andere elementen zijn ongeveer 2% van het volume, gevormd in; calcium, chroom, zwavel, ijzer, neon, nikkel, zuurstof en silicium. De spectrale klasse staat bekend als G2V,de temperatuur varieert afhankelijk van de laag van zijn structuur. De kern, die overeenkomt met het centrale deel van de zonnestructuur, is ook het heetste gebied. Daarin vindt het proces van fusie van waterstofatomen plaats, resulterend in de vorming van helium. Kernfusie is verantwoordelijk voor het genereren van warmte die zich verspreidt naar andere lagen. Zo bereikt de temperatuur van de kern van de zon 15,7 miljoen graden Celsius. Aan het zonneoppervlak, dat de fotosfeer wordt genoemd, is de temperatuur veel lager dan in de kern, tot 5.500 °C. De convectiezone, die bestaat uit een tussenlaag, kent temperaturen tot wel twee miljoen graden Celsius5780 graden Kelvin[3]of 5.780K waar de oorspronkelijke kleur wit is, hoewel hij hier op aarde in geel, oranje en soms

---

[3]verenigtGebaseerd opInternationaal Stelsel van Eenheden(JA) voor grootsheidthermodynamische temperatuur. De kelvin is de fractie 1/273.16 van de thermodynamische temperatuur van dedrievoudig puntvan dewater, dat wil zeggen, het is zo gedefinieerd dat het tripelpunt van water precies 273,16 K is

roodachtig wordt gezien als hij aan de horizon staat.De oorsprong van de zon wordt geassocieerd met de ineenstorting door zwaartekracht van de zonnenevel, een wolk gevormd door stof en gassen. Dit proces begon ongeveer 4.500 miljoen jaar geleden, wat overeenkomt met de leeftijd van de zon.

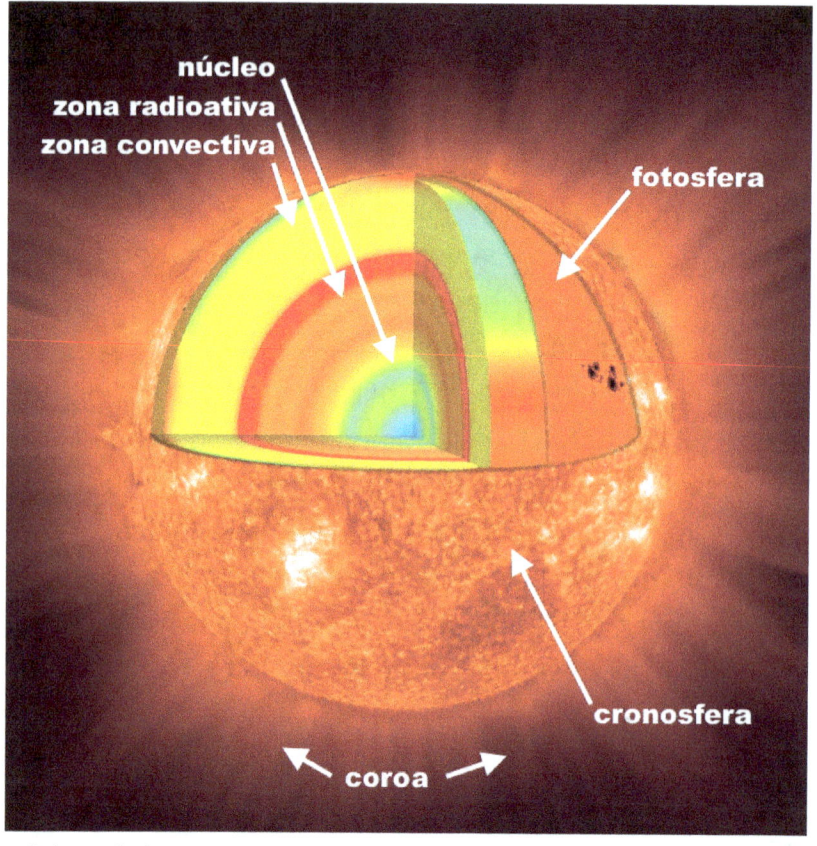

Schematische weergave van elk van de zes lagen waaruit de zon bestaat.

- **Centrum:**Het komt overeen met de binnenste laag van de zon. Het is ongeveer duizend keer zo groot als de aarde en is ook dichter dan onze planeet. Zoals we eerder zagen, vinden in de kern van de zon de kernreacties plaats die verantwoordelijk zijn voor de productie van heliumatomen. Door dit proces vindt emissie van licht en warmteontwikkeling plaats.

- **Stralingszone:**het is een uitgebreide laag die de kern omringt, wat overeenkomt met bijna de helft van de straal van de zon. De energie die in de zonnekern wordt opgewekt, wordt door dit gebied uitgestraald, waar de temperatuur aanzienlijk daalt in vergelijking met de eerste laag.

- **convectiezone:**Ook wel de convectiezone genoemd, het komt overeen met de laag die zich boven de stralingszone bevindt. Daarin wordt energie overgedragen door middel van convectiestromen die worden gevormd door de beweging van gassen bij hoge temperaturen.

- **Fotosfeer:**komt overeen met het oppervlak van de zon. Met behulp van geschikte instrumenten is het mogelijk om de thermische kolommen te observeren die opstijgen vanuit de convectiezone naar de fotosfeer, die verschijnen in de vorm van korrels. Donkere vlekken worden ook waargenomen en worden zonnevlekken genoemd.

• **Atmosfeer:**vormt de zonne-atmosfeer, net boven de fotosfeer. Het heeft een roze kleur en lagere temperaturen, rond de 4.700 °C. Vanuit deze laag worden gasstralen uitgestoten richting de corona.

• **Kroon:**buitenste laag van de atmosfeer van de zon. De corona is veel heter dan de lagen eronder en bereikt 2 miljoen graden Celsius in de gebieden die het verst van het oppervlak verwijderd zijn. Het bestaat uit een zeer uitgestrekt gebied van miljoenen kilometers lang, bestaande uit bewegende gassen. De snelheid is variabel en kan oplopen tot 400 km/s. Hier ontstaat de zonnewind.

Er is geen vast oppervlak op de zon en daarom is het moeilijk te bepalen hoeveel dagen het duurt om één omwenteling te voltooien. Geschat wordt dat deze beweging op de equatoriale lijn 25 aardse dagen duurt en aan de polen langer, 36 aardse dagen.

De levenscyclus van de zon

stellaire evolutiehet wordt op twee manieren gemeten: door de huidige leeftijd vanreeks, die wordt bepaald doorcomputationele modelleringvan stellaire evolutie; Hij isnucleocosmochronologie[4]. De leeftijd gemeten met behulp van deze procedures is in overeenstemming met deradiometrisch handelen[5]van het oudste materiaal gevonden in het zonnestelsel, dat 4.567 miljoen jaar oud is.

De Zon is ongeveer halverwege de hoofdreeks, de periode waarin kernfusie waterstof tot helium versmelt. Elke seconde wordt meer dan 4 miljoen ton materie omgezet in energie in het zonnecentrum, waarbij neutrino's en zonnestraling worden geproduceerd. In dit tempo heeft de zon ongeveer 100 aardmassa's omgezet in energie vanaf de vorming tot het heden. De zon blijft ongeveer tien miljard (10 miljard) jaar op de hoofdreeks staan.Over ongeveer 5 miljard jaar zal de waterstof in de zonnekern opraken. Wanneer dit gebeurt, zal de zon

---

[4] Techniek die wordt gebruikt om de ouderdom van objecten en gebeurtenissen te schatten.astrofysici. Deze techniek maakt gebruik van de overvloed aan radioactieve kernen, zoalsuraniumHij isthorium, vergelijkbaar met gebruikenKoolstof-14inkoolstofdatering.

[5] De ouderdom van een object bepalen aan de hand van stoffen.radioactiefdaarin opgenomen en de producten van deradioactief verval

samentrekken onder zijn eigen zwaartekracht, waardoor de temperatuur van de zonnekern stijgt tot 100 miljoen kelvin, genoeg om dehelium kernfusie, produceerensteenkool, in de fase vanasymptotische reuzentak.

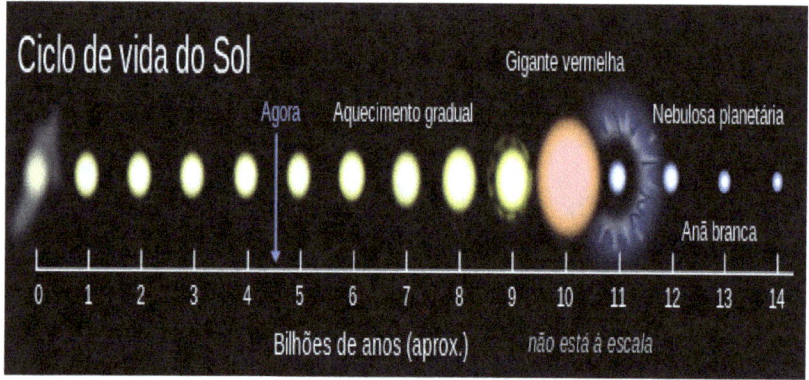

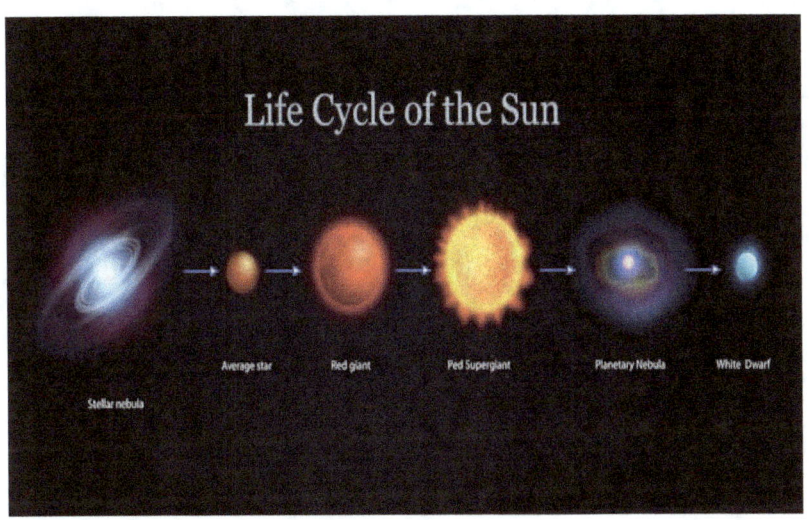

productie van zonne-energie

Waterstoffusie vindt voornamelijk plaats in een keten van reacties genaamdproton-proton keten:

$$4\ ^1H \rightarrow 2\ ^2H + 2\ j^+ + 2\ v_{Hij\ is}(4,0\ MeV + 1,0\ MeV)$$

$$2^1H + 2^2H \rightarrow 2^3Hij + 2\gamma\ (5,5\ MeV)$$

$$twee^3de^4Hij + 2^1H\ (12,9\ MeV)$$

Deze reacties kunnen worden samengevat volgens de volgende formule:

$$4^1H \rightarrow ^4de + 2\ en^+ + 2\ v_{Hij\ is} + 2\ \gamma\ (26,7\ MeV)$$

De zon heeft ongeveer 8,9 x 1056 waterstofkernen (vrije protonen) en de proton-protonketen komt 9,2 x 1037 keer per seconde voor in de zonnekern. Aangezien deze reactie vier protonen gebruikt, worden elke seconde ongeveer 3,7 x 1038 protonen (of 6,2 x 1011 kg) omgezet in heliumkernen. Deze reactie zet 0,7% van de smelt om in energie, en als resultaat wordt ongeveer 4,26 miljoen ton per seconde omgezet in 383 yottawatt (3,83 x 1026 W), of 9,15 x 1010 megatonTNTvan energie per seconde, volgens de massa-energievergelijking$E=mc^2$inAlbert Einstein.

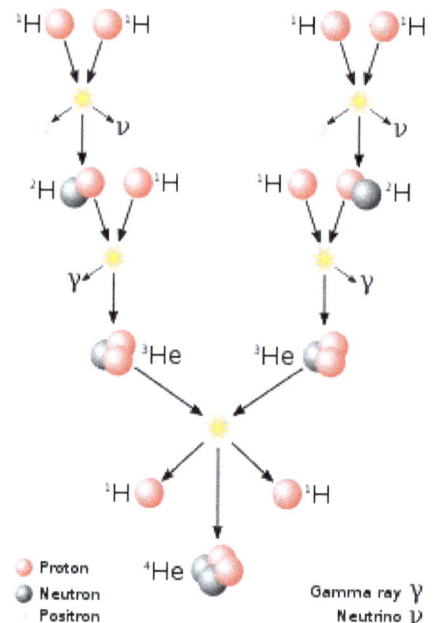

De vermogensdichtheid is ongeveer 194 µW/kg materie, en hoewel fusie plaatsvindt in de relatief kleine zonnekern, is de plasmavermogensdichtheid in dit gebied 150 keer hoger. Ter vergelijking: de door het menselijk lichaam geproduceerde warmte is 1,3 W/kg, ongeveer 600 keer die van de zon, per massa-eenheid.

Zelfs als we alleen rekening houden met de zonnekern, met dichtheden die 150 keer groter zijn dan de gemiddelde dichtheid van de ster, produceert de zon relatief weinig energie, met een snelheid van 0,272 W/m³. Verrassend genoeg is dit vermogen veel minder dan dat van een brandende kaars. Het gebruik van plasma op aarde met parameters die vergelijkbaar zijn met die in de zonnekern is onmogelijk, zelfs een bescheiden installatie van 1 GW zou ongeveer 5 miljard (5 miljard) ton plasma nodig hebben.

De snelheid van kernfusie is sterk afhankelijk van de dichtheid en temperatuur van de kern: een iets hogere fusiesnelheid zorgt ervoor dat de kern opwarmt, waardoor de buitenste lagen van de zon uitzetten en daardoor de zwaartekracht van de buitenste lagen afneemt. . en de fusiesnelheid. Naarmate de smeltsnelheid afneemt, trekken de buitenste lagen samen, waardoor hun druk tegen de zonnekern toeneemt, wat de smeltsnelheid weer zal verhogen, waardoor de cyclus zich herhaalt.

De hoogenergetische fotonen (gammastralen) die door kernfusie worden gegenereerd, worden geabsorbeerd door de kernen in het zonneplasma en opnieuw uitgezonden in een willekeurige richting, dit keer met een iets lagere energie. Ze worden dan weer opgenomen en de cyclus herhaalt zich. Als gevolg hiervan duurt het lang voordat de straling die wordt gegenereerd door kernfusie in de zonnekern het oppervlak bereikt. Reistijdschattingen lopen uiteen van 10 tot 170.000 jaar.

Nadat ze door de convectielaag naar het "transparante" oppervlak van de fotosfeer zijn gegaan, ontsnappen de fotonen als zichtbaar licht. Elke gammastraal van de zonnekern wordt omgezet in enkele miljoenen zichtbare fotonen voordat ze de ruimte in ontsnappen. Neutrino's worden ook gegenereerd door kernfusie in de kern, maar in tegenstelling tot fotonen hebben ze zelden interactie met materie. De meeste geproduceerde neutrino's ontsnappen onmiddellijk aan de zon. Jarenlang waren metingen van het aantal neutrino's geproduceerd door de zon drie keer lager dan voorspeld. Dit probleem is onlangs opgelost met de ontdekking van neutrino-oscillatie-effecten.

ALPHA CENTAUR

De Alpha Centauri-ster is een drievoudig stersysteem dat zich op ongeveer 4,37 lichtjaar van de aarde bevindt in het sterrenbeeld Centaurus. Het is de ster die het dichtst bij ons zonnestelsel staat en is met het blote oog te zien op het zuidelijk halfrond.

Het systeem bestaat uit drie sterren: Alpha Centauri A, Alpha Centauri B en Proxima Centauri. Alpha Centauri A en B draaien om elkaar heen en vormen een binair systeem, terwijl Proxima Centauri verder weg is en om het centrale paar draait.

Alpha Centauri A is de helderste ster in het systeem, met een massa die iets groter is dan die van de zon, terwijl Alpha Centauri B iets kleiner en koeler is. Proxima Centauri is een rode dwergster, ongeveer een achtste van de massa van de zon.

Er is veel belangstelling voor Alpha Centauri als potentiële bestemming voor verkenning van de ruimte en de zoektocht naar buitenaards leven, aangezien het de ster is die het dichtst bij ons zonnestelsel staat. Er zijn verschillende missies en initiatieven gepland om dit sterrenstelsel nader te bestuderen.

Elk van deze sterren heeft zijn eigen specifieke fysieke en chemische kenmerken.

Alpha Centauri A is een geelwitte ster met een massa van ongeveer 1,1 keer die van de zon, een straal van ongeveer 1,22 keer de straal van de zon en een temperatuur van ongeveer 5800 Kelvin. De helderheid is ongeveer 1,5 keer die van de zon.

Alpha Centauri B is een gele en oranje ster, met een massa van ongeveer 0,9 keer die van de zon, een straal van ongeveer 0,86 keer de straal van de zon en een temperatuur van ongeveer 5.300 Kelvin. De helderheid is ongeveer 0,5 keer die van de zon.

Proxima Centauri is een rode dwergster, met een massa van ongeveer 0,12 keer die van de zon, een straal van ongeveer 0,14 keer de straal van de zon en een temperatuur van ongeveer 3000 Kelvin. De helderheid is ongeveer 0,0015 keer die van de zon.

Wat betreft de chemische samenstelling, de drie sterren bestaan voornamelijk uit waterstof en helium, met sporen van andere elementen zoals koolstof, zuurstof, stikstof, ijzer en andere metalen. Analyse van het licht dat door sterren wordt uitgestraald, stelt wetenschappers in staat om de chemische samenstelling en andere fysieke eigenschappen van deze hemellichamen te bepalen.

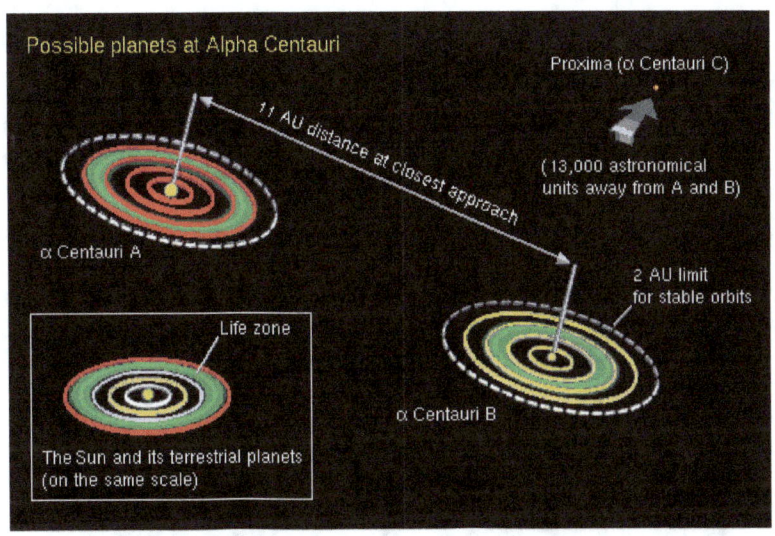

De afstand tussen Alpha Centauri A en Alpha Centauri B varieert met de tijd, vanwege hun elliptische baan rond hun gemeenschappelijke zwaartepunt. Deze afstand varieert van ongeveer 11 astronomische eenheden (AU) aan het periastrum (het dichtstbijzijnde punt in de baan) tot ongeveer 35 AU aan het apostrum (het verste punt in de baan). Gemiddeld is de afstand tussen de twee sterren ongeveer 23,7 AU.

De afstand tussen Alpha Centauri A en Proxima Centauri is ongeveer 13.000 AU, of ongeveer 4,24 lichtjaar. De afstand tussen Alpha Centauri B en Proxima Centauri is ongeveer 12.900 AU, of ongeveer 4,22 lichtjaar.

Samengevat, de sterren van het Alpha Centauri-systeem staan relatief dicht bij elkaar in vergelijking met andere sterren in het universum, maar ze zijn nog steeds te ver weg om met de huidige technologieën te bereiken.

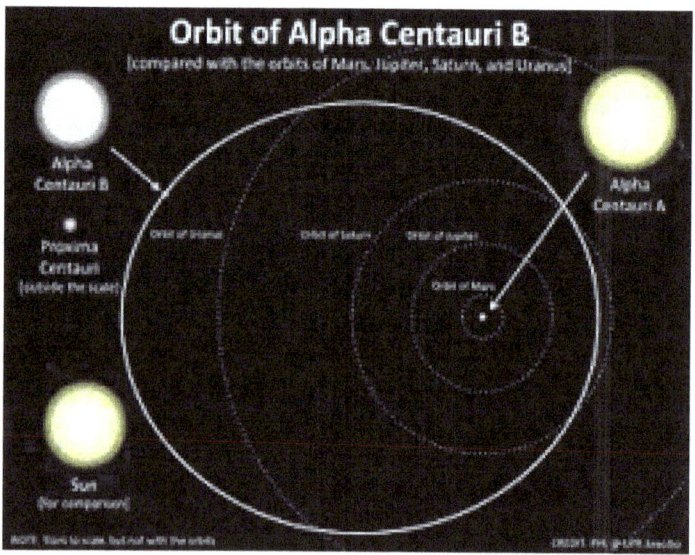

Tot nu toe zijn er enkele planeten ontdekt die in een baan rond sterren in het Alpha Centauri-systeem draaien, maar geen van hen draait direct om Alpha Centauri A- of B-sterren, die een binair systeem vormen.

De eerste planeet die in het Alpha Centauri-systeem werd ontdekt, was Proxima b, in 2016, die in een zeer nauwe baan om de ster Proxima Centauri draait, met een omlooptijd van ongeveer 11,2 dagen. Proxima b is een rotsachtige planeet met een massa vergelijkbaar met die van de aarde en cirkelt in een bewoonbare zone, wat betekent dat er vloeibaar water op het oppervlak kan zijn. Het valt echter nog te bezien of de planeet een atmosfeer heeft die geschikt is om leven te ondersteunen.

In 2017 werd een andere planeet ontdekt in een baan om de ster Alpha Centauri B, maar het bestaan ervan moet nog worden bevestigd door andere observatoria en er is meer onderzoek nodig om zijn aanwezigheid te bevestigen.

Naast deze twee planeten zijn er verschillende initiatieven gaande om naar meer planeten in het Alpha Centauri-systeem te zoeken, waaronder het "Breakthrough Starshot"-project, dat voorstelt een vloot ultrasnelle ruimtesondes te sturen om het systeem van dichtbij te bestuderen. Met deze inspanningen kunnen in de toekomst meer planeten in het Alpha Centauri-systeem worden ontdekt.

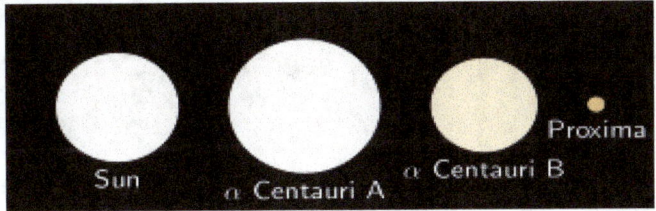

De grootte en kleur van de componenten van Alpha Centauri lijken op schaal vergeleken met de zon.

SIRIUS

Sirius is een dubbelster in het sterrenbeeld Canis Major. Het is de helderste ster aan de nachtelijke hemel, met een schijnbare magnitude van -1,46. De hoofdster, bekend als Sirius A, is een hoofdreeksster van spectraaltype A1V, terwijl de metgezel, bekend als Sirius B, een extreem dichte witte dwerg is. De afstand van Sirius tot de aarde is ongeveer 8,6 lichtjaar, waardoor het een van de dichtstbijzijnde sterren voor ons is, in termen van kilometers is deze afstand gelijk aan ongeveer 8,1 biljoen km (8,1 x 10^12 km).

Die afstand is relatief klein in astronomische termen, waardoor Sirius een van de sterren is die het dichtst bij ons zonnestelsel staat. Dankzij de nabijheid van Sirius konden astronomen de ster met detail en precisie bestuderen en observeren, met behulp van verschillende observatietechnieken zoals spectroscopie, fotometrie en interferometrie.

Bovendien is Sirius van groot historisch en cultureel belang voor veel wereldgemeenschappen, waaronder de oude Egyptische cultuur en de inheemse Dogon-cultuur, die legendes en mythen over de ster hebben.

De chemische en fysische samenstelling van Sirius A, de primaire ster van het binaire systeem, is goed bekend bij astronomen en wetenschappers. Op basis van spectroscopische waarnemingen wordt gedacht dat de chemische samenstelling van Sirius A vergelijkbaar is met die van de zon, voornamelijk samengesteld uit waterstof (ongeveer 71 massaprocent) en helium (ongeveer 27 massaprocent), met sporen van andere zware, zoals zuurstof, koolstof, ijzer, stikstof en andere.

In termen van fysica is Sirius A een A1V-ster, met een geschatte oppervlaktetemperatuur van ongeveer 9.940 Kelvin en een massa van ongeveer 2,02 zonsmassa's. Zijn helderheid is ongeveer 25 keer groter dan die van de zon en zijn leeftijd wordt geschat op ongeveer 230 miljoen jaar. Het is een zeer stabiele ster en bevindt zich in de hoofdfase van zijn stellaire evolutie, waarbij waterstof in zijn kern wordt omgezet in helium door middel van kernfusiereacties.

Sirius B, de begeleidende ster van het binaire systeem, is een extreem dichte en hete witte dwerg, met een massa van ongeveer 0,6 zonsmassa's en een geschatte straal van slechts 0,0085 keer de straal van de zon. De temperatuur van het oppervlak is ongeveer 25.200 Kelvin, waardoor het een van de heetste sterren is die we kennen. Aangenomen wordt dat Sirius B de blootliggende kern is van een gigantische ster die eerder in zijn evolutie zijn buitenste atmosfeer verloor. De baanafstand tussen de twee sterren is ongeveer 20 astronomische eenheden (AU).

De hoofdster, Sirius A, bestaat uit twee sterren die rond een gemeenschappelijk massamiddelpunt draaien vanwege de zwaartekracht die ertussen werkt. Het systeem staat het dichtst bij Sirius A.

De baan van Sirius B rond Sirius A is erg klein in vergelijking met de baan van de aarde rond de zon. Volgens waarnemingen is de gemiddelde afstand tussen de twee sterren ongeveer 20 astronomische eenheden (AU) en is de omlooptijd ongeveer 50,1 jaar. De excentriciteit van de baan is erg laag, wat betekent dat de afstand tussen de sterren tijdens de baan niet veel varieert.

De zwaartekrachtinteractie tussen de twee sterren heeft waarneembare effecten, zoals een periodieke verandering in de schijnbare positie van Sirius A aan de hemel, ook wel de eigenbeweging genoemd. Bovendien is de baan van Sirius B gekanteld ten opzichte van de gezichtslijn van de aarde, waardoor periodieke variaties in de helderheid van het binaire getal ontstaan, ook wel bekend als radiale snelheidsvariaties. Deze variaties maken het mogelijk om de massa en andere eigenschappen van de sterren in het dubbelstersysteem te bepalen.

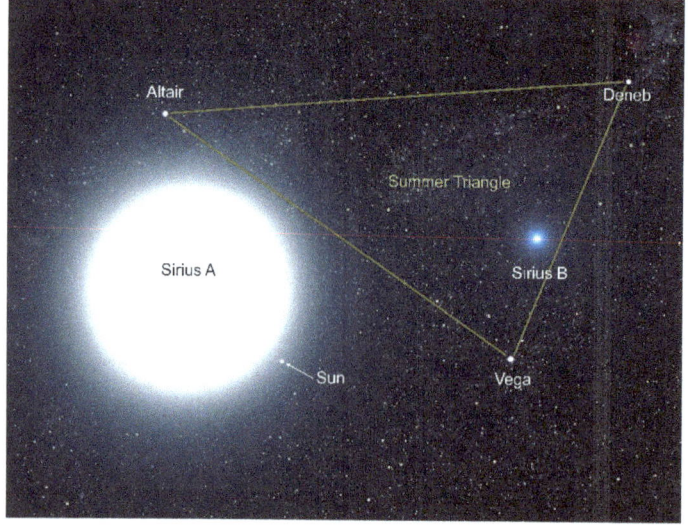

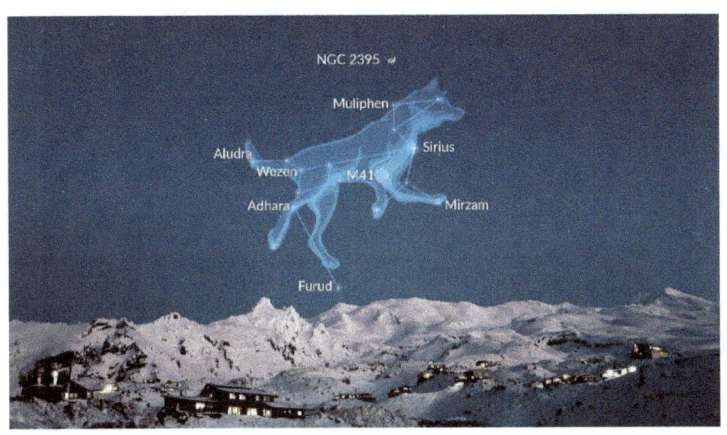

WR 104

De ster WR 104 is een dubbelstersysteem in het sterrenbeeld Boogschutter, ongeveer 8000 lichtjaar van de aarde verwijderd. Het is geclassificeerd als een Wolf-Rayet-ster, een type extreem heldere en massieve ster die het einde van zijn leven nadert.

Het binaire systeem bestaat uit twee sterren die rond een gemeenschappelijk zwaartepunt draaien. Een van de sterren is een Wolf-Rayet-ster met een massa van ongeveer 25 keer die van de zon, terwijl de andere een kleinere maar zwaardere ster is met een massa van ongeveer 10 keer die van de zon.

Een van de meest interessante kenmerken van WR 104 is de aanwezigheid van een stofwolk rond de sterren, waarvan wordt aangenomen dat deze eerder in zijn evolutie uit het systeem is geworpen. Aangenomen wordt dat deze stofwolk spiraalvormig of topvormig is en de voorbode kan zijn van een toekomstige supernova-explosie.

Door zijn ligging in de Melkweg wordt WR 104 zwaar aan het zicht onttrokken door interstellair stof, waardoor het moeilijk te bestuderen is. We blijven het systeem echter observeren met behulp van verschillende technieken, waaronder infrarood- en röntgenwaarnemingen, om meer te weten te komen over de eigenschappen en evolutie van massieve sterren.

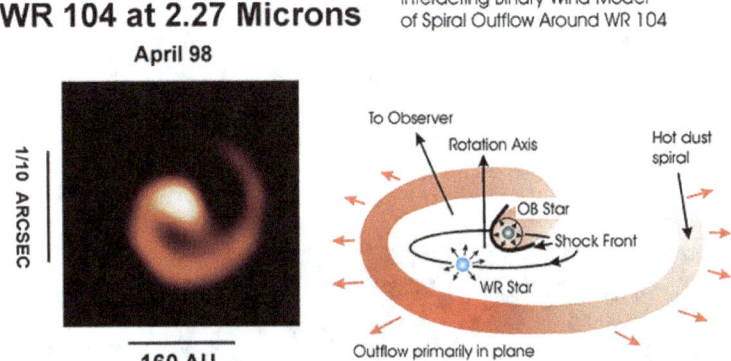

WR 104 at 2.27 Microns
April 98

Interacting Binary Wind Model
of Spiral Outflow Around WR 104

1/10 ARCSEC

160 AU

To Observer

Rotation Axis

Hot dust
spiral

OB Star

Shock Front

WR Star

Outflow primarily in plane
of binary orbit

Er is geen wetenschappelijk bewijs dat WR 104 een direct risico vormt voor de aarde. Hoewel het een massieve en onstabiele ster is, en uiteindelijk zou kunnen ontploffen in een supernova, is het onwaarschijnlijk dat de effecten van de explosie de aarde rechtstreeks zullen bereiken vanwege de afstand.

Een nabije supernova-explosie kan echter neveneffecten hebben op de aarde, zoals toenemende kosmische straling, veranderingen in het klimaat veroorzaken en de ozonlaag aantasten. Ook als de stofwolk rond WR 104 naar de aarde zou wijzen, zou dit de atmosfeer kunnen beïnvloeden en mogelijk een meteorenregen kunnen veroorzaken.

Het is echter belangrijk op te merken dat de kans dat een supernova optreedt bij WR 104 als zeer laag wordt beschouwd, en zelfs als dat het geval is, is de kans dat deze de aarde aanzienlijk zal beïnvloeden aanzienlijk kleiner.

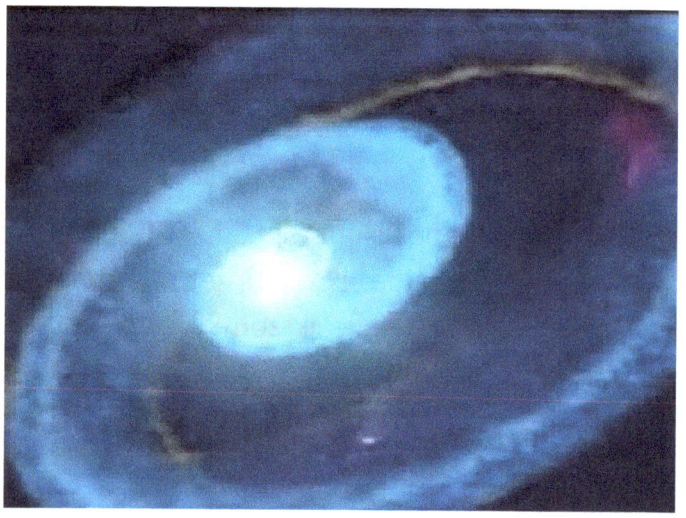

Als extreem massieve en hete ster, met een geschatte oppervlaktetemperatuur van 50.000 tot 60.000 graden Celsius, heeft hij het grootste deel van zijn buitenste laag van waterstof en helium door de sterke stellaire wind afgestoten, waardoor de binnenste lagen van hogere elementen zichtbaar zijn geworden. zwaar
Spectroscopische studies geven aan dat WR 104 rijk is aan zware elementen zoals koolstof, zuurstof, stikstof,

silicium en ijzer. Bovendien suggereert analyse van het door de ster uitgestraalde licht de aanwezigheid van andere elementen, zoals neon, magnesium, zwavel en argon.

Het is ook bekend dat de ster omgeven is door een stofwolk, die waarschijnlijk organische en minerale verbindingen bevat die worden geproduceerd door de zware elementen die door de ster worden uitgestoten.

Het spectrum toont de aanwezigheid van verschillende elementen en de omringende stofwolk bevat organische en minerale verbindingen.

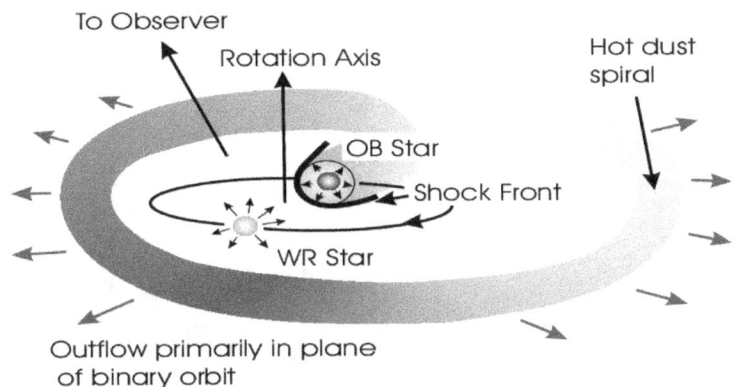

De baan van de ster WR 104 is complex, aangezien de twee sterren erg dicht bij elkaar staan en elkaar beïnvloeden met hun zwaartekracht. De kleinere, zwaardere ster draait elke 220 dagen in een baan om de Wolf-Rayet-ster, terwijl de afstand tussen de twee sterren varieert tussen 10 en 30 keer de gemiddelde afstand tussen de aarde en de zon.

Bovendien is de helling van de baan ten opzichte van de gezichtslijn van de aarde hoog, waardoor we het systeem vanuit een schuine hoek zien, waardoor het moeilijk wordt om de baan waar te nemen en correct te analyseren.

ZETA VAN ORION- ALNITAK

Alnitak is een blauwe superreus in het sterrenbeeld Orion, ongeveer 800 lichtjaar van de aarde verwijderd. Het is een van de helderste sterren in de Orion-regio en is gemakkelijk zichtbaar met het blote oog, in de volksmond bekend als "Las Tres Marías". Het maakt deel uit van "Orion's Belt", een prominente formatie van drie sterren aan de nachtelijke hemel. Alnitak is de meest oostelijke ster in de gordel, terwijl de andere twee sterren Alnilam (in het midden) en Mintaka (in het westen) zijn. Alnitak heeft een geschatte massa van ongeveer 30 keer die van de zon en is een zeer jonge ster, geschat op ongeveer 6 miljoen jaar oud.

Alnitak heeft een geschatte massa van ongeveer 30 keer de massa van de zon en een geschatte diameter van ongeveer 20 keer de diameter van de zon. Dit betekent dat Alnitak een extreem grote en helderblauwe superreus is met een fysieke grootte van ongeveer 40 miljoen km.

(ongeveer 28 keer de afstand tussen de aarde en de zon) en een oppervlaktetemperatuur van ongeveer 28.000 graden Celsius.

Alnilam is een blauwe superreus in het sterrenbeeld Orion, net als Alnitak en Mintaka. Het heeft een geschatte massa van ongeveer 30 keer de massa van de zon en een geschatte diameter van ongeveer 36 keer de diameter van de zon. Dit betekent dat Alnilam een extreem grote ster is, met een fysieke afmeting van ongeveer 23 miljoen kilometer (ongeveer 16 keer de onderlinge afstand en ongeveer 31.000 graden Celsius). Mintaka is de meest westelijke ster in de gordel van Orion, terwijl Alnilam de centrale ster van de gordel is en Alnitak de meest oostelijke ster.

Alnitak, Alnilam en Mintaka zijn allemaal blauwe superreus of blauwwitte reuzensterren, wat betekent dat ze vergelijkbare chemische en fysische samenstellingen hebben. De chemische samenstelling van deze sterren wordt voornamelijk bepaald door kernfusie die plaatsvindt in hun kernen, waarbij waterstof wordt omgezet in helium en een verscheidenheid aan zwaardere elementen wordt geproduceerd door verdere fusiereacties.

Uit spectroscopische studies weten we dat deze sterren waterstof, helium en een groot aantal zwaardere elementen bevatten, waaronder koolstof, stikstof, zuurstof, neon, magnesium, silicium en ijzer. Daarnaast bevatten deze sterren ook kleinere hoeveelheden andere elementen, zoals natrium, aluminium, calcium en nikkel.

Wat hun fysieke structuur betreft, hebben deze sterren dichte en hete kernen waar de kernfusiereacties plaatsvinden die de energie opwekken die ze uitstralen. Deze kernen zijn omgeven door lagen geïoniseerd gas die de atmosfeer van de sterren vormen. De temperatuur en druk in deze lagen nemen af naarmate we verder van de kern komen, wat leidt tot de vorming van verschillende zones met verschillende fysische en chemische eigenschappen.

Bovendien hebben deze sterren ook krachtige magnetische velden die hun atmosfeer kunnen beïnvloeden en verschijnselen kunnen veroorzaken zoals stellaire winden, zonnevlammen en andere magnetische activiteit. Kortom, de sterren Alnitak, Alnilam en Mintaka zijn complexe en fascinerende hemellichamen die ons wetenschappelijk begrip op veel manieren blijven uitdagen.

Sterren zo zwaar als deze hebben een veel kortere levensduur dan kleinere sterren zoals de zon. Ze verbranden hun splijtstof veel sneller, wat betekent dat ze een veel kortere levensduur hebben.

De sterren Alnitak, Alnilam en Mintaka zijn naar schatting tussen de 5 en 10 miljoen jaar oud. Dat klinkt misschien als veel, maar vergeleken met de leeftijd van het heelal, die wordt geschat op zo'n 13,8 miljard jaar, zijn ze relatief jong. Deze sterren hebben naar schatting een paar honderdduizend tot een paar miljoen jaar nodig voordat ze hun nucleaire brandstof opraken en instorten om neutronensterren of zwarte gaten te worden.

Orion-constellatie, beeld dat de oorsprong, symboliek en mythologie vertegenwoordigt.

Deze drie sterren draaien niet om elkaar heen, maar draaien samen met onze zon en miljarden andere sterren om het centrum van de Melkweg. De baan van deze sterren rond het centrum van de Melkweg wordt voornamelijk beïnvloed door de zwaartekracht van het sterrenstelsel en de verdeling van materie in zijn gebied.

De omloopsnelheid van sterren in de Gordel van Orion kan worden gemeten aan de hand van hun radiale snelheid, de snelheid waarmee ze langs de gezichtslijn naar ons toe of van ons af bewegen. Uit deze metingen schatten we dat de sterren Alnitak, Alnilam en Mintaka met een snelheid van ongeveer 20 tot 30 kilometer per seconde rond het centrum van de Melkweg bewegen, dit betekent dat ze er ongeveer 200 miljoen jaar over doen om één baan rond de Melkweg te voltooien. Manier. heelal

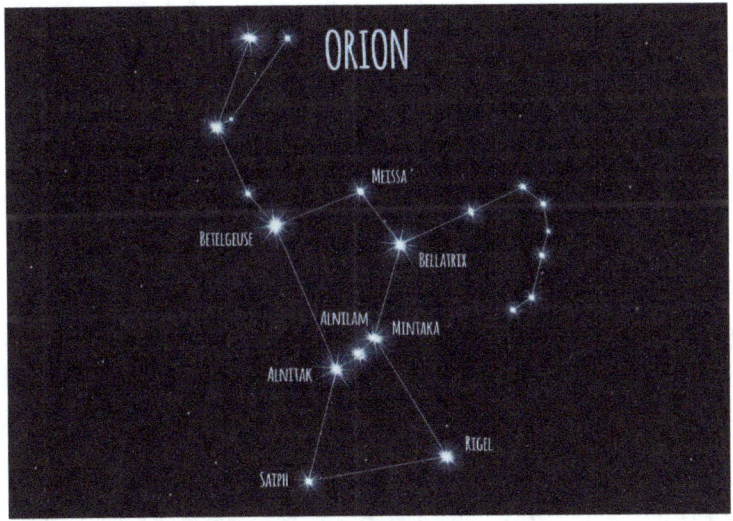

ALDEBARAN

Aldebaran is een rode reuzenster in het sterrenbeeld Stier. Het is de helderste ster in het sterrenbeeld en de 13e helderste ster aan de nachtelijke hemel, gemakkelijk te herkennen aan zijn roodachtige kleur en zijn prominente positie nabij de Pleiaden-sterrenhoop.

De ster heeft een schijnbare magnitude van 0,85 en een absolute magnitude van -0,63, wat betekent dat hij ongeveer 425 keer helderder is dan de zon. Het ligt ongeveer 65 lichtjaar van de aarde en heeft een geschatte massa van ongeveer 1,7 zonsmassa's.

Aldebaran is door de geschiedenis heen belangrijk geweest voor verschillende culturen, waaronder de oude Perzen, die geloofden dat de ster de pupil van het hemelse oog was. De Arabieren noemden haar "de volgeling" omdat ze de Pleiaden leek te volgen door de nachtelijke hemel.

De ster draait rond het centrum van de Melkweg, net als de zon en andere nabije sterren. Zoals gebruikelijk is in de astronomie, kan de baan van Aldebaran echter gemakkelijker worden beschreven in termen van zijn relatie tot het zonnestelsel, aangezien dit is wat we vanaf de aarde waarnemen.

Aldebaran maakt geen deel uit van het zonnestelsel, maar bevindt zich op ongeveer 65 lichtjaar van de aarde. Het beweegt zich door de ruimte met een gemiddelde snelheid van ongeveer 50 km/s ten opzichte van de zon. Zijn baan rond de Melkweg is veel breder en langzamer, en het duurt ongeveer 625 miljoen jaar om een enkele omwenteling rond de zon te voltooien. galactisch centrum Het is bekend dat het een hechte binaire partner heeft, hoewel deze veel zwakker en moeilijker te observeren is. De begeleidende ster draait om Aldebaran met een periode van ongeveer 600 jaar en bevindt zich op een gemiddelde afstand van ongeveer 1.500 miljoen kilometer van de hoofdster.

De effectieve temperatuur is ongeveer 3.900 graden
Celsius, veel kouder dan de temperatuur van de zon, die

ongeveer 5.500 graden Celsius is. Hierdoor straalt Aldebaran het meeste licht uit in het infrarode bereik.

Chemisch bestaat het voornamelijk uit waterstof en helium, zoals de meeste sterren. Het bevat echter ook aanzienlijke hoeveelheden andere elementen, zoals koolstof, zuurstof en stikstof. Deze elementen worden in de ster gecreëerd door middel van kernreacties die plaatsvinden in de kern en de buitenste lagen.
Naarmate Aldebaran ouder wordt, ondergaat het een reeks transformaties in zijn interne structuur, waarbij waterstof in zijn kern wordt uitgeput en helium begint te verbranden, uitzetten en afkoelen in een proces dat bekend staat als een rode reus. Naarmate het helium opraakt, zal de ster blijven evolueren en verder uitzetten, waarbij hij uiteindelijk zijn buitenste lagen afwerpt en een planetaire nevel vormt.

Enkele leuke feiten over dit hemellichaam zijn dat Aldebaran in de moderne westerse populaire cultuur vaak wordt geciteerd in liedjes, films en boeken als een poëtische verwijzing naar de nachtelijke hemel en de kosmische aard van het universum. In de sciencefictionreeks "Star Trek" wordt Aldebaran meermaals genoemd als een belangrijke plaats in de melkweg. De bemanning van de USS Enterprise bezoekt bijvoorbeeld de planeet Aldebaran III in een aflevering van de originele serie, en werd uiteindelijk in de Perzische mythologie beschouwd als de "afdeling van het hemelse oog" en een van de vier koninklijke sterren die verband houden met de vier artikelen van nature Aldebaran vertegenwoordigde het element vuur.

DWARS BEREIK

De ster Gamma Crucis, ook bekend als Gacrux, is een van de helderste sterren in het sterrenbeeld Zuiderkruis, gelegen op het zuidelijk halfrond. Het is een van de vier sterren waaruit het beroemde asterisme van het Zuiderkruis bestaat, een van de meest iconische symbolen van de zuidelijke nachtelijke hemel.

Gacrux is een rode reuzenster van klasse M met een oppervlaktetemperatuur van ongeveer 3500 Kelvin. Het is een veranderlijke ster van het LC-type, wat betekent dat de helderheid in de loop van de tijd enigszins varieert. De schijnbare magnitude varieert tussen 1,59 en 1,66, waardoor hij gemakkelijk zichtbaar is met het blote oog, zelfs in stedelijke gebieden met een vervuilde lucht.

Met een geschatte massa van ongeveer 1,5 keer de massa van de zon en een diameter van ongeveer 120 keer de diameter van de zon, is Gacrux een zeer grote ster. De helderheid is ongeveer 1500 keer die van de zon, waardoor het een van de helderste sterren in het heelal is.

Gacrux is relatief jong, met een geschatte leeftijd van ongeveer 25 miljoen jaar. Hoewel het in astronomische termen relatief dicht bij de aarde staat, op een afstand van ongeveer 88 lichtjaar, is er niet veel bekend over zijn planetaire systemen of exoplaneten. De ontdekking van planeten rond andere M-klasse sterren suggereert echter dat er ten minste één planetair systeem in een baan om Gacrux draait.

Gacrux is een belangrijke ster voor de inheemse bevolking van Australië, die hem kennen als "Gnokan Danna" of "Heaven's Gate Guardian". Het is een van de meest heilige sterren aan de Australische nachtelijke hemel en speelt een belangrijke rol in veel Aboriginalverhalen en mythen.

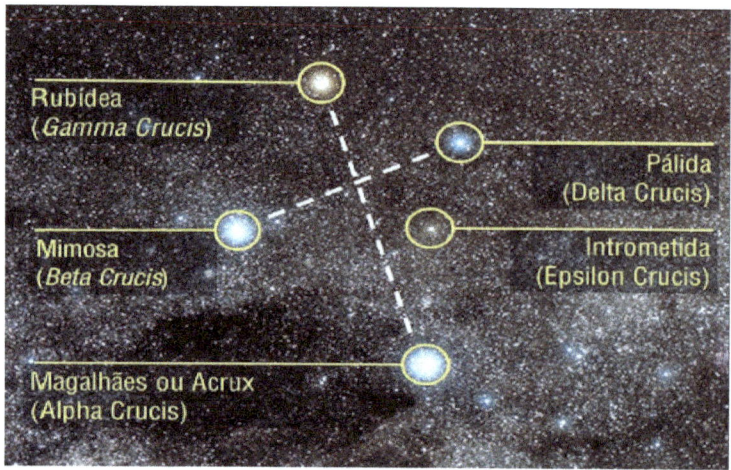

Wat de interne structuur betreft, heeft Gacrux een kern die wordt omgeven door een omhulsel van geïoniseerde waterstof, gevolgd door een omhulsel van geïoniseerd helium en ten slotte een omhulsel van neutraal waterstof. De buitenste schil van de ster bestaat voornamelijk uit gas en stof, die tijdens de evolutie van de ster van het oppervlak worden verdreven.

Gacrux is een ster met een lage massa, wat betekent dat zijn interne structuur verschilt van die van massievere sterren. De energie wordt voornamelijk opgewekt door de fusie van waterstof tot helium in de kern van de ster, en convectie is verantwoordelijk voor het transport van deze energie naar de oppervlakte. Convectie is een proces waarbij heet gas naar het oppervlak van de ster stijgt, terwijl koeler gas naar de kern valt.

Samengevat, Gacrux is een M-klasse ster met een eenvoudige chemische samenstelling, voornamelijk samengesteld uit waterstof en helium. De interne structuur is anders dan die van massievere sterren, met energie die voornamelijk wordt gegenereerd door de fusie van waterstof tot helium in de kern en naar het oppervlak wordt getransporteerd door convectie.

Gacrux draait om het centrum van de Melkweg, het spiraalstelsel waarin ons zonnestelsel zich bevindt. Zijn baan wordt bepaald door de zwaartekracht die wordt uitgeoefend door andere objecten in de melkweg, waaronder sterren, wolken van gas en stof, en donkere materie.

Volgens astronomische waarnemingen heeft Gacrux een radiale snelheid ten opzichte van de zon van ongeveer - 19,7 km/s, wat betekent dat hij met die snelheid van ons vandaan beweegt. Zijn ruimtesnelheid wordt geschat op ongeveer 22 km/s, wat aangeeft dat hij in een excentrische baan rond het centrum van de Melkweg beweegt.

De positie van Gacrux aan de hemel verandert geleidelijk in de loop van de tijd als gevolg van zijn beweging rond het centrum van de melkweg. Het volledige pad van de ster rond het centrum van de Melkweg duurt ongeveer 250 miljoen jaar, ook wel bekend als de omlooptijd.

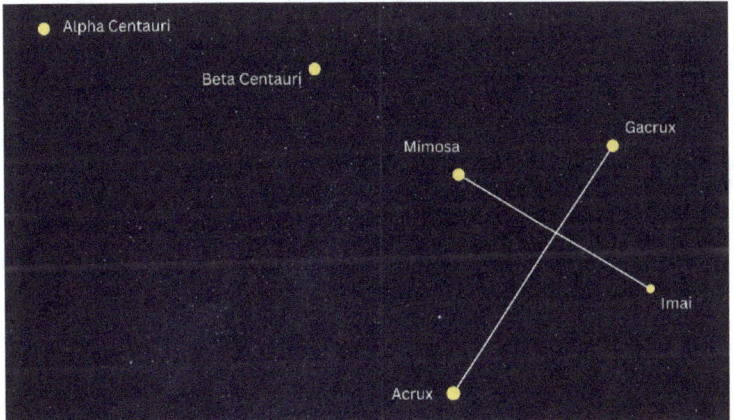

Vanwege de relatieve nabijheid wordt Gacrux vaak gebruikt als referentie voor het meten van afstanden tot andere sterren en hemellichamen in de melkweg.

Een merkwaardig feit is de studie van deze ster en andere nabije sterren, die belangrijk zijn voor het begrijpen van de vorming, evolutie en samenstelling van de sterren in onze Melkweg.

ETA CARINAE

Eta Carinae is een ster in het sterrenbeeld Carina of (Quilla), ongeveer 7.500 lichtjaar van de aarde. Het is een van de helderste sterren aan de nachtelijke hemel en is door de jaren heen intensief bestudeerd door astronomen.

De ster Eta Carinae is geclassificeerd als een lichtgevende blauwe veranderlijke ster en werd in 1677 ontdekt door astronoom Edmond Halley. Sindsdien fluctueerde zijn helderheid en in 1843 beleefde hij een van de grootste sterexplosies ooit geregistreerd, en werd hij tijdelijk de op een na helderste ster aan de nachtelijke hemel.

Bij de stellaire explosie van 1843 kwam een enorme hoeveelheid energie vrij en ontstonden twee enorme gaswolken, Homunculus en Weigelt Haze genaamd, die zich uitbreidden met snelheden tot 1500 km/s. De Man is een zandlopervormige bipolaire nevel die de ster omringt, terwijl de Weigelt Haze een reeks concentrische ringen is die hem omringen.

Sinds de explosie is Eta Carinae in helderheid en grootte afgenomen, maar het blijft een massieve en onstabiele ster. Geschat wordt dat het een massa heeft van ongeveer 100 keer die van de zon en een helderheid van meer dan vijf miljoen keer die van de zon. De oppervlaktetemperatuur is ongeveer 25.000 graden Celsius.

Aangenomen wordt dat Eta Carinae het einde van zijn levensduur nadert en binnenkort zou kunnen ontploffen in een supernova. Hoewel de ster zich op een veilige afstand van de aarde bevindt, kan een explosie van deze omvang de atmosfeer van de aarde aantasten en aanzienlijke schade aan communicatiesystemen veroorzaken.

Eta Carinae blijft een belangrijke studiebron met geavanceerde observatietechnieken zoals ruimtetelescopen en interferometrie om de structuur en het gedrag ervan te bestuderen. We hebben meer gegevens nodig om deze ster te begrijpen, die het begrip van wetenschappers over de aard van het universum blijft uitdagen.

Beeldcredits: NASA

De chemische samenstelling van deze ster is complex en wordt nog niet volledig begrepen door wetenschappers. Spectroscopische studies suggereren echter dat Eta Carinae een ster is die rijk is aan zware elementen zoals koolstof, stikstof, zuurstof en ijzer, wat aangeeft dat hij in zijn kern al verschillende stadia van kernfusie heeft doorlopen.

Bovendien is bekend dat de ster een hoog aandeel helium in zijn atmosfeer heeft, wat suggereert dat het een jonge ster is die nog geen tijd heeft gehad om al het helium om te zetten in zwaardere elementen door middel van kernfusieprocessen. Dit hoge aandeel helium zou ook een teken kunnen zijn dat Eta Carinae een ster is die gevormd is uit oergas met een laag metaalgehalte.

Andere elementen die in de atmosfeer van Eta Carina zijn gedetecteerd, zijn silicium, magnesium, zwavel en argon. De relatieve overvloed van deze elementen is echter nog niet volledig bekend.

Beeldcredits: NASA

Eta Carinae heeft geen baan in de traditionele zin van het woord, aangezien het een enkele ster is en niet in een binair of meervoudig systeem. Het is echter bekend dat de ster variaties vertoont in zijn helderheid en andere eigenschappen, wat kan worden verklaard door cycli van stellaire activiteit, waaronder oscillaties in zijn interne structuur en periodieke fakkels.

Bovendien bevindt de ster zich aan de binnenrand van een groot stervormingsgebied, de Carinanevel genaamd, dat verschillende jonge en massieve sterren bevat. De zwaartekrachtinteractie tussen deze sterren kan een belangrijke rol spelen in de evolutie van Eta Carinae en zijn stellaire activiteit.

Hoewel het geen vaste baan heeft, is de positie van Eta Carinae aan de hemel nauwkeurig bekend en wordt het vaak gebruikt als referentiepunt voor astronomische navigatie. De ster bevindt zich in het sterrenbeeld Carina en is onder goede kijkomstandigheden met het blote oog te zien.

Dat blijkt echter uit recentere studieswees eendubbelster systeemheel dicht bij elkaar de kleine sterdiameteris de heetste (30.000 °C) en de andere met drie keer dediameterhet is kouder (15.000 °C) maar twee keer zo helder. Ditsterren systeemhet is verpakt in een dichtewolkingassenHij isstof, die een nevel vormt die 400 keer groter is dan deZonnestelsel, bekend als deEn de Carinanevel(of NGC3372). Het verlies aan helderheid is mogelijk te wijten aan een gevolg van de nauwere nadering tussen de twee sterren, deperiastroma, waarna de kleinere ster bijna de helft van de grotere bedekt. De afname van de helderheid is gelijk aan 20 keer die vanZon, maar schijnt als 4 tot 5 miljoen zonnen. De rotatieperiode van de sterren (ten opzichte van elkaar) is 5,5 jaar.

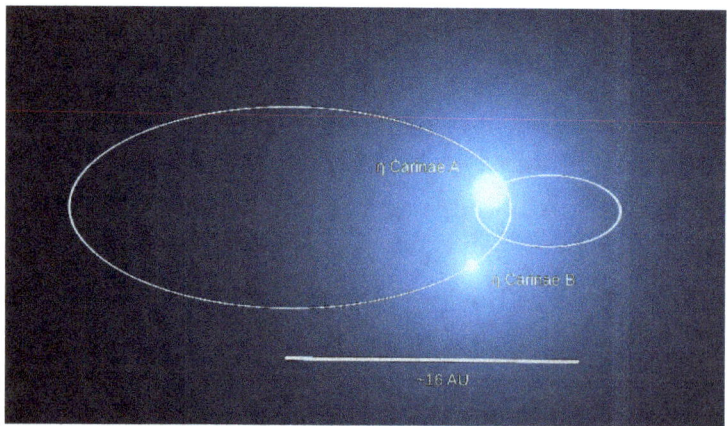

De Braziliaanse astronoom Augusto Damineli, een professor aan IAG-USP, is een van degenen die bevestigen dat de ster een variabele is omdat er volgens hem elke vijf en een half jaar een vermindering van de helderheid is, aangezien andere astronomen dat niet deden Hij accepteerde het. deze theorie, in de Echter, in 1997 was er een verdere vermindering van de helderheid, het fenomeen werd bevestigd. In 2003 werd dankzij de gegevens van meer dan 50 specialisten, ondersteund door waarnemingen door terrestrische en orbitale telescopen, eindelijk bevestigd dat het inderdaad een andere variabele ster van het SDOR-type was - Binary High Luminosity Stars, met variaties tussen 1 en 7 magnitudes, geassocieerd met en omhuld met expanderend materiaal dat kenmerkend is voor nevels.

Zeer grote sterren zoals Eta Carinae raken door hun onevenredig hoge helderheid zeer snel zonder brandstof. Eta Carinae zal naar verwachting de komende paar miljoen jaar exploderen als een supernova of hypernova.

En tot slot, enstudies suggereren dat Eta Carinae erg langzaam roteert, met een geschatte rotatieperiode van ongeveer 5,5 jaar. Deze schatting is echter gebaseerd op indirecte metingen en kan onderhevig zijn aan aanzienlijke onzekerheden. Bovendien is het, omdat het een veranderlijke en onstabiele ster is, moeilijk om de rotatie nauwkeurig te berekenen.

BETELGEUSE-APHA VAN ORION

Het is een van de beroemdste en gemakkelijk herkenbare sterren aan de nachtelijke hemel. Gelegen in het sterrenbeeld Orion, is het de tweede helderste ster in dat sterrenbeeld, de tweede alleen voor Rigel. Het is echter een van de helderste sterren aan de nachtelijke hemel en is ongeveer 100.000 keer helderder dan de zon.

Een van de meest opvallende kenmerken van Betelgeuze is de grootte. Het heeft naar schatting een diameter van ongeveer 1000 keer die van de zon, waardoor het een van de grootste bekende sterren is. Als hij in het centrum van ons zonnestelsel zou worden geplaatst, zou zijn atmosfeer zich buiten de baan van Jupiter uitstrekken.

Een ander kenmerk dat het interessant maakt, is dat het een veranderlijke ster is, wat betekent dat zijn helderheid in de loop van de tijd verandert, vanwege zijn grootte kunnen deze veranderingen gemakkelijk met het blote oog worden waargenomen. Gemiddeld duurt het ongeveer 420 dagen voordat de ster een volledige helderheidscyclus heeft voltooid. De variatie in helderheid wordt veroorzaakt door de pulsatie van de ster, die veranderingen in de temperatuur en helderheid veroorzaakt.

Het heeft onlangs media-aandacht getrokken vanwege speculaties over de mogelijke explosie in een supernova. Betelgeuze is aan het einde van zijn levensduur en zal naar verwachting uiteindelijk exploderen in een supernova. Het is echter niet zeker wanneer dit zal gebeuren. Sommige studies hebben gesuggereerd dat de ster elk moment kan ontploffen, terwijl andere beweren dat het nog duizenden jaren duurt voordat hij ontploft.

Ongeacht wanneer de ster explodeert, zijn dood zal een belangrijke gebeurtenis zijn voor de astronomie. De explosie zal vanaf de aarde zichtbaar zijn en zelfs overdag te zien zijn, afhankelijk van hoe het licht door de atmosfeer wordt verstrooid. Bovendien zal de supernova een ongelooflijke hoeveelheid energie en materie produceren, die jarenlang door astronomen kan worden bestudeerd.

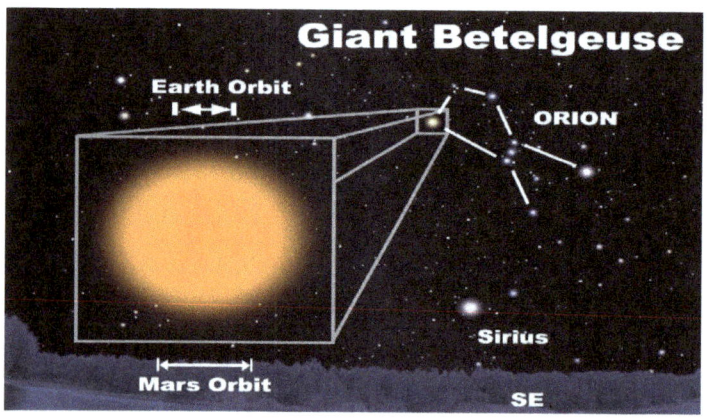

Betelgeuze is een zeer grote, heldere en koele ster die geclassificeerd is als een rode superreus van spectraaltype M1-2 Ia-ab. De letter "M" geeft aan dat het een rode ster is die behoort tot de spectraalklasse M en daarom een lage oppervlaktetemperatuur heeft; het achtervoegsel "Ia-ab" is de helderheidsklasse van de ster en geeft aan dat deze het midden houdt tussen een normale helderheidssuperreus en een hoge helderheidssuperreus. Het belangrijkste kenmerk van het visuele spectrum van sterren van dit type is de aanwezigheid van titanium(II)oxide (TiO)-absorptiebanden in het groene gebied van het spectrum, wat wijst op een lage oppervlaktetemperatuur. De lage intensiteit van de neutrale calciumlijn bij 4227 Å is de belangrijkste indicator van hoge helderheid. Sinds de introductie van het MKK-ratingsysteem in 1943,

Rode superreuzen zoals Betelgeuse zijn massieve sterren die de hoofdreeks al hebben verlaten en zich in de late stadia van hun evolutie bevinden. Deze sterren verbranden hun brandstof snel en leven slechts een paar miljoen jaar. Betelgeuze was oorspronkelijk een ster van de O-klasse in de hoofdreeks en heeft al alle waterstof in zijn kern verbruikt, waardoor de kern samentrekt onder invloed van de zwaartekracht. Om de hetere, dichtere kern in evenwicht te brengen, zetten de buitenste lagen uit en koelden ze af. Hoewel zijn exacte evolutionaire status onbekend is, smelt Betelgeuze hoogstwaarschijnlijk helium samen om koolstof en zuurstof in de kern te genereren, met een omhulsel van waterstoffusie rond de kern.

Artistieke weergave van de ster en haarmist

De meest voorkomende elementen in de atmosfeer van Betelgeuse zijn waterstof en helium, die respectievelijk ongeveer 85% en 13% van de chemische samenstelling uitmaken. De andere aanwezige elementen zijn onder andere voornamelijk koolstof, zuurstof, stikstof, silicium, zwavel, ijzer en titanium.

Aangenomen wordt dat de ster is geëvolueerd uit een zeer massieve ster, die door kernreacties in zijn kern veel zwaardere elementen produceerde. Deze zwaardere elementen werden vervolgens via convectieprocessen in de atmosfeer naar het oppervlak van de ster getransporteerd.

Wat de baan betreft, draait Betelgeuze niet om een specifiek object. In plaats daarvan is het een eenzame ster die samen met andere sterren door de Melkweg beweegt. Het beweegt in een relatief willekeurig traject, voornamelijk beïnvloed door zwaartekrachtinteracties met andere sterren en massieve objecten in de melkweg.

Qua rotatie heeft Betelgeuze een relatief langzame rotatie, met een rotatieperiode van ongeveer 8,4 jaar. Dat is verrassend langzaam voor een ster van zijn massa en grootte, geschat op ongeveer 20 keer de massa van de zon en ongeveer 1000 keer de grootte van de zon. Aangenomen wordt dat de langzame rotatie van Betelgeuze het gevolg is van interacties tussen rotatie en de buitenste lagen van de ster, die sterk convectief zijn.

ANTERAS

Antares is een rode superreus in het sterrenbeeld Schorpioen. Met een geschatte diameter van ongeveer 700 keer die van de zon is Antares een van de grootste bekende sterren. De afstand tot de aarde is ongeveer 550 lichtjaar, waardoor het een van de helderste sterren aan de nachtelijke hemel is.

De naam "Antares" komt van het Griekse ant-Ares, wat "de rivaal van Mars" betekent. Dit komt omdat de ster een roodachtige tint heeft die lijkt op die van de rode planeet.

Antares is een zeer hete ster, met een oppervlaktetemperatuur van ongeveer 3500 graden Celsius, maar zijn rode kleur is het resultaat van zijn grote omvang en de emissie van licht op langere golflengten.

Naast zijn indrukwekkende uiterlijk is Antares ook een behoorlijk complexe ster. Het is bekend dat het een dubbelstersysteem heeft, wat betekent dat er een andere ster in de buurt draait, de begeleidende ster van Antares is veel kleiner en koeler dan hij is, en het duurt ongeveer 900 jaar om één baan rond de grote ster te voltooien.

Het is een geëvolueerde ster, met een geschatte leeftijd van ongeveer 12 miljoen jaar, hij heeft de fase al doorgemaakt waarin hij energie produceert door de kernfusie van waterstof in helium, en nu zit hij in de fase waarin hij de helium in koolstof en zuurstof in de kern. Deze evolutie zal uiteindelijk leiden tot de dood van de ster, maar aangezien Antares zoveel groter is dan de zon, zal zijn dood veel dramatischer zijn.

Aan het einde van zijn levensduur zal Antares exploderen in een supernova, een extreem krachtige explosie die een enorme hoeveelheid energie en materie in de ruimte zal vrijgeven. Hierdoor kan een fenomeen ontstaan dat bekend staat als een planetaire nevel, een wolk van gas en stof die wordt verlicht door straling van de stervende ster. Ondanks dat het niet dichtbij genoeg is om een directe bedreiging voor de aarde te vormen, zou de Antares-explosie zeker een indrukwekkend gezicht zijn voor astronomische waarnemers.

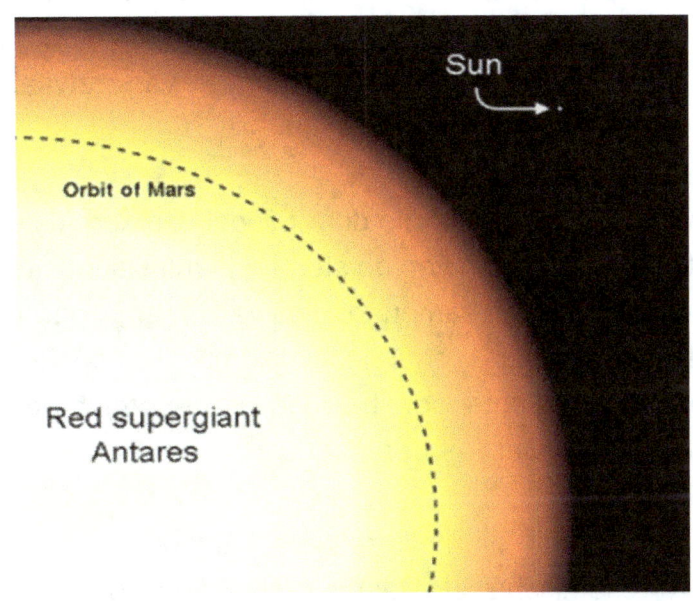

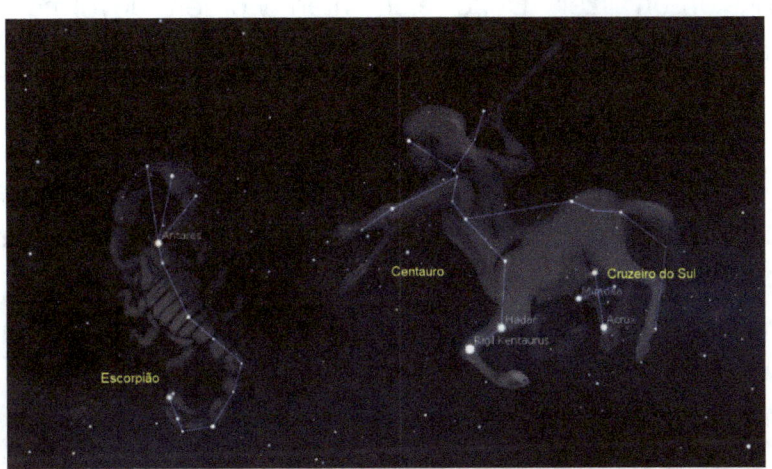

De chemische samenstelling van Antares lijkt veel op die van andere superreussterren, het bestaat voornamelijk uit waterstof en helium, met sporen van zwaardere elementen.

De ster produceert energie door middel van kernfusie, die plaatsvindt in de kern van de ster. Bij kernfusie smelten de kernen van atomen samen tot nieuwe kernen, waarbij een grote hoeveelheid energie vrijkomt. Kernfusie van waterstof in helium is de belangrijkste energiebron voor sterren, waaronder Antares.

Naast waterstof en helium bevat Antares sporen van andere chemische elementen zoals koolstof, zuurstof, stikstof en ijzer. Deze elementen worden gevormd in kernreacties die plaatsvinden in de ster terwijl deze evolueert.

De hoeveelheid zwaardere elementen in Antares is relatief klein vergeleken met de hoeveelheid waterstof en helium. Dat komt omdat superreuzen zoals Antares heel jong zijn in kosmisch opzicht en nog niet genoeg tijd hebben gehad om grote hoeveelheden van de zwaardere elementen te produceren door middel van kernreacties.
Maar zelfs kleine hoeveelheden van de zwaardere elementen in sterren als Antares zijn belangrijk voor de

vorming van planeten en het leven zelf. De meeste chemische elementen die op aarde worden gevonden, waaronder koolstof, zuurstof en ijzer, werden gevormd in sterren die vóór onze zon bestonden. Toen deze sterren explodeerden in supernova's, lieten ze deze elementen vrij in de ruimte, die vervolgens samenklonterden om nieuwe sterren en planeten te vormen.

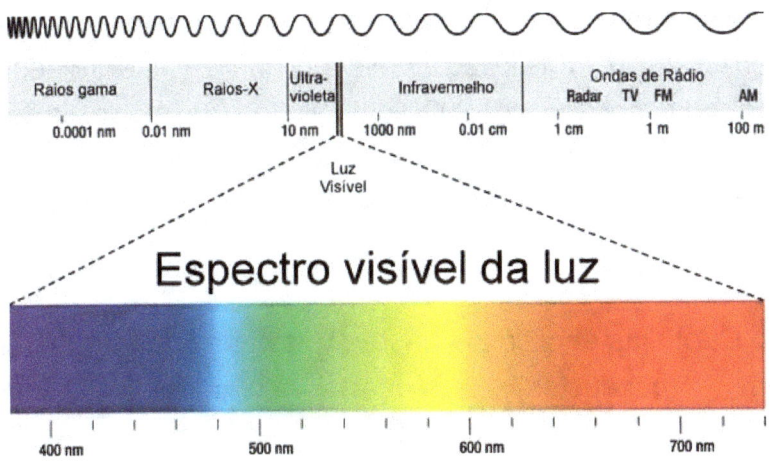

Espectro visível da luz

MU CEFEI

De ster Mu Cephei, ook bekend als de rode reuzenster of kortweg "Mu Cep", is een van de helderste bekende sterren in de Melkweg. Gelegen in het sterrenbeeld Cepheus, ongeveer 2.300 lichtjaar van de aarde, is het een van de meest massieve en helderste sterren die we kennen, met een schijnbare magnitude van ongeveer 4,08.

Mu Cephei is een klasse M-ster, wat betekent dat het een rode reuzenster is met een relatief lage oppervlaktetemperatuur en een zeer hoge helderheid. Het is ook een semi-onregelmatige variabele, wat betekent dat de helderheid in de tijd varieert, zij het onvoorspelbaar. De magnitude varieert tussen 3,4 en 5,1, met een gemiddelde periode van ongeveer 730 dagen.

De ster Mu Cephei heeft een geschatte massa van ongeveer 20 keer die van de zon en een straal van ongeveer 1500 keer die van de zon, waardoor het een van de grootste bekende sterren is. De oppervlaktetemperatuur is relatief laag, rond de 3.500 graden Celsius, waardoor het rood van kleur is. De ster heeft een helderheid van ongeveer 300.000 keer die van de zon, waardoor het een van de helderste bekende sterren is.

Mu Cephei is een zeer jonge ster, met een geschatte leeftijd van ongeveer 10 miljoen jaar, wat erg jong is in vergelijking met de zon, die ongeveer 4,6 miljard jaar oud is. De ster heeft een grote hoeveelheid circumstellair materiaal, wat aangeeft dat hij zich in een actieve evolutiefase bevindt. Aangenomen wordt dat de ster uiteindelijk een planetaire nevelster wordt, die zijn buitenste lagen in een wolk van gas en stof afwerpt.

Zijn grote massa en helderheid maken het een belangrijk voorbeeld voor het begrijpen van de evolutie van sterren in extreem massieve sterren. Bovendien is de ster een belangrijke bron van infraroodstraling en wordt hij gebruikt om stofvorming rond rode reuzensterren te bestuderen.

De chemische samenstelling van de ster Mu Cephei is goed bestudeerd door astronomen en astrofysici over de hele wereld en het is bekend dat deze heel anders is dan de chemische samenstelling van de zon.

Spectroscopische analyses geven aan dat de ster een zeer lage hoeveelheid elementen heeft die zwaarder zijn dan helium, in de astronomie bekend als "metalen". De verhouding ijzer tot waterstof is bijvoorbeeld slechts ongeveer 0,06% van de zonneverhouding. Dit suggereert dat de ster Mu Cephei een tweede populatiester is, die is gevormd uit zeer oud, metaalarm gas.

Deze ster heeft een overmaat aan koolstof ten opzichte van zuurstof, wat suggereert dat de ster op een bepaald moment in zijn evolutie een diepe convectie-menging heeft ondergaan. Dit proces kan hebben plaatsgevonden toen de ster helium in zijn kern samensmolt tot koolstof en zuurstof en deze elementen vervolgens naar de oppervlaktelagen van de ster transporteerde.

Andere chemische elementen die in de ster zijn gedetecteerd, zijn waterstof, helium, lithium, koolstof, zuurstof, stikstof, natrium, magnesium, aluminium, silicium, zwavel, calcium, titanium en ijzer. De chemische samenstelling van de ster Mu Cephei is belangrijk voor het begrijpen van de evolutie van sterren in sterren van de tweede populatie en voor het vergelijken ervan met de chemische samenstelling van andere sterren in de Melkweg.

De baan van de ster Mu Cephei is niet goed bekend, aangezien het een eenzame ster is en geen bekende stellaire metgezel heeft. Studies kunnen echter de radiale snelheid van de ster schatten, de snelheid waarmee hij van of naar de aarde beweegt, op basis van de Dopplerverschuiving van de spectraallijnen in zijn spectrum. Dit kan informatie geven over de gemiddelde omloopsnelheid van de ster ten opzichte van het centrum van de Melkweg.

De radiale snelheid van de ster Mu Cephei is relatief laag, ongeveer 14,5 km/s ten opzichte van de zon. Dit suggereert dat de ster in een relatief cirkelvormige baan om het centrum van de Melkweg draait, aangezien sterren met meer elliptische banen over het algemeen meer variabele radiale snelheden hebben.

Wat betreft de rotatie van de ster Mu Cephei, geloven astronomen dat de ster waarschijnlijk een zeer langzame rotatie heeft, aangezien rode reuzensterren meestal zeer langzame rotaties hebben als gevolg van de uitzetting van hun buitenste lagen. De rotatie van de ster kan worden geschat aan de hand van de breedte van de spectraallijnen in zijn spectrum, die breder zijn bij de snelst roterende sterren. Deze spectraallijnen in rode reuzensterren zijn echter vaak erg breed vanwege de lage oppervlaktetemperatuur van de ster, waardoor het moeilijk is om de rotatie van de ster nauwkeurig te meten.

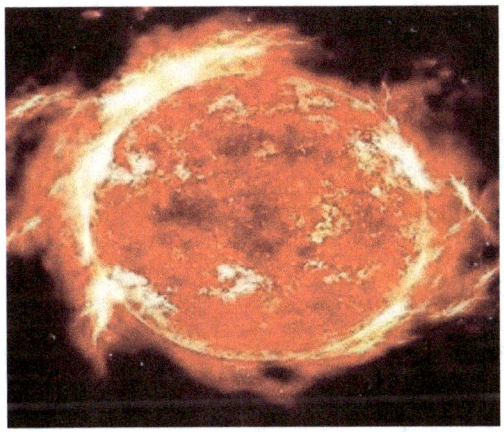

JE BENT EEN GEWELDIGE HOND

De ster VY Canis Majoris is een van de meest fascinerende en raadselachtige sterren die ooit zijn ontdekt. Gelegen in het sterrenbeeld Canis Major, ongeveer 1,2 KPC (Kiloparsecs) van de aarde, is deze ster een van de grootste en meest lichtgevende die de mens kent. In dit hoofdstuk zullen we de kenmerken, ontdekkingsgeschiedenis en mysteries rond VY Canis Majoris onderzoeken.

Ontdekking en kenmerken van VY Canis Majoris;

VY Canis Majoris werd in 1801 ontdekt door Jérôme Lalande, een Franse astronoom, tijdens een onderzoek naar sterren. Op dat moment noemde Lalande de ster de tweeëntwintigste helderste in het sterrenbeeld Canis Major.

Tegenwoordig weten we dat VY Canis Major een superreus rode veranderlijke ster is die een vergevorderde fase van zijn stellaire evolutie ingaat. Het is geclassificeerd als een ster van spectraaltype M en heeft een geschatte massa van ongeveer 20 keer die van de zon.

De diameter van VY Canis Majoris is enorm, zo'n 2000 keer die van de zon. Als het zich in het centrum van ons zonnestelsel zou bevinden, zou zijn straal zich uitstrekken tot aan de baan van Jupiter. Het volume is gelijk aan ongeveer 5 miljard keer het volume van de zon. Om een idee te krijgen van de grootte van deze ster: als VY Canis Majoris in ons zonnestelsel zou worden geplaatst, zou de afstand tussen de ster en de aarde slechts de helft zijn van de afstand tussen de zon en Pluto.

VY Canis Majoris is ook een van de helderste sterren in het bekende universum en straalt lichtenergie uit die zo'n 500.000 keer groter is dan die van de zon. Deze enorme helderheid wordt echter voornamelijk uitgezonden in het infrarood, wat betekent dat de ster zwakker is. in het zichtbare spectrum.

Mysteries en curiosa over VY Canis Majoris

VY Canis Majoris is zo'n grote en complexe ster dat wetenschappers nog steeds niet helemaal begrijpen hoe het werkt. Een van de grote vragen is hoe zo'n grote ster erin slaagt stabiel te blijven, aangezien de aantrekkingskracht van de ster zo sterk zou moeten zijn dat hij in elkaar zou storten. Bovendien stoot de ster een enorme hoeveelheid materiaal uit, waaronder stof en gas, wat vragen oproept over hoe dit mogelijk is in zo'n massieve ster.

Een andere curiositeit aan VY Canis Majoris is dat het een veranderlijke ster is, wat betekent dat zijn helderheid in de loop van de tijd verandert, in sommige gevallen is de ster helderder geworden dan welke andere bekende ster dan ook, terwijl hij in andere gevallen is gedimd waardoor hij bijna onzichtbaar is. . .

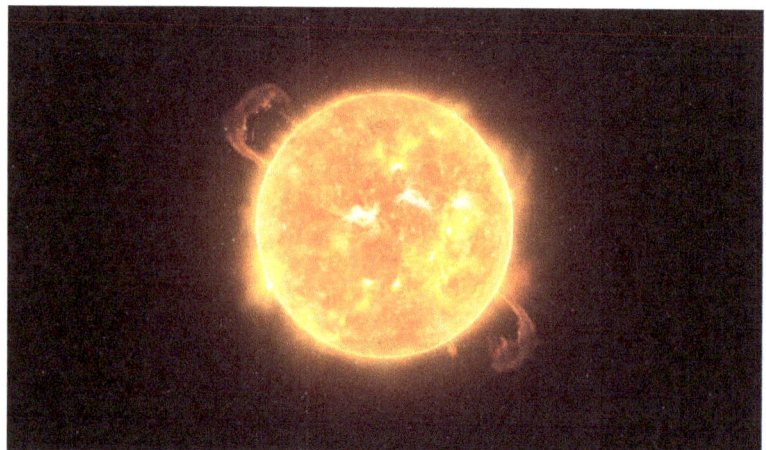

Een andere interessante nieuwsgierigheid over VY Canis Majoris is dat het een grote hoeveelheid materiaal uitstoot, tussen stof en gas, dat zich verspreidt door de ruimte eromheen. Astronomen geloven dat dit materiaal het resultaat is van intense stellaire activiteit op het oppervlak van de ster en dat het een fase van intens massaverlies doormaakt.

De baan van VY Canis Majoris is enigszins moeilijk te definiëren, aangezien de ster solitair is en geen naaste stellaire metgezel heeft. Wetenschappers hebben echter kunnen vaststellen dat het met een snelheid van ongeveer 22 km/s naar het centrum van de Melkweg, ons sterrenstelsel, beweegt. Bovendien wordt het beschouwd als een ster met hoge snelheid, wat betekent dat het ten opzichte van ons zonnestelsel beweegt met een snelheid die veel groter is dan het gemiddelde voor de sterren in de melkweg.

Met betrekking tot de rotatie van VY Canis Majoris is het belangrijk op te merken dat rode superreussterren heel langzaam roteren in vergelijking met kleinere, jongere sterren. Dit komt omdat deze sterren een sterk uitgezette atmosfeer hebben, wat betekent dat het oppervlak van de ster erg ver verwijderd is van de kern, waar de rotatie plaatsvindt. Bovendien zou de rotatie van zo'n massieve ster erg moeilijk precies te meten zijn met de huidige waarnemingstechnieken.

Sommige onderzoeken hebben echter aangetoond dat het langzaam rond zijn as kan draaien. Een studie uit 2015 suggereerde bijvoorbeeld dat de ster zou kunnen roteren met een snelheid van slechts 1 km/s, wat extreem langzaam is in vergelijking met de rotatiesnelheid van de zon, die ongeveer 2 km/s is.

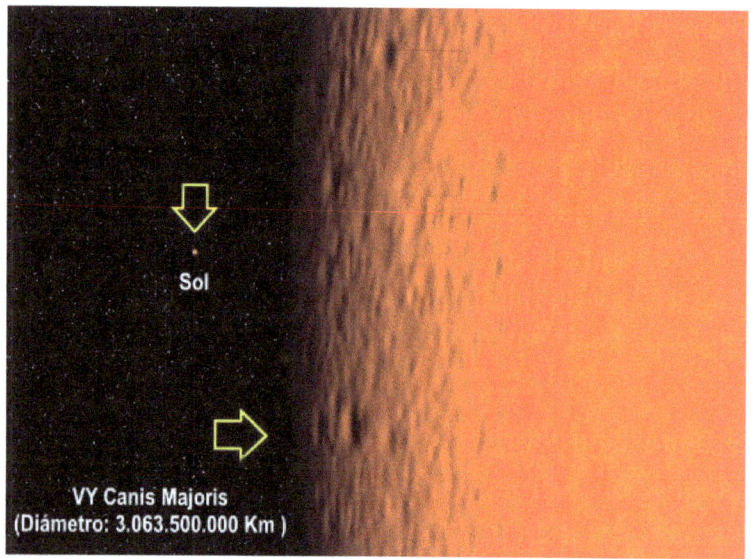

De chemische samenstelling van VY Canis Majoris is vergelijkbaar met die van andere rode superreussterren, met een mengsel van lichte elementen zoals waterstof en helium en zwaardere elementen zoals koolstof, zuurstof en ijzer. Door zijn grootte bevat de ster echter ook elementen die relatief zeldzaam zijn in andere sterren, zoals technetium en lithium.

Bovendien staat VY Canis Majoris bekend als een variabele ster, wat betekent dat de helderheid en oppervlaktetemperatuur in de loop van de tijd fluctueren. Dit kan de chemische samenstelling van de ster beïnvloeden, aangezien de kernreacties die in de kern plaatsvinden op verschillende tijdstippen kunnen verschillen. Sommige onderzoeken suggereren zelfs dat VY Canis Majoris in de kern een proces van zwaardere elementfusie ondergaat, wat zou kunnen leiden tot een aanzienlijke productie van nog zwaardere elementen.

Wat betreft de fysica van VY Canis Majoris, het is een zeer grote ster, met een geschatte straal van ongeveer 1800 keer de straal van de zon. Vanwege deze magnitude heeft de ster een zeer lage oppervlaktezwaartekracht, waardoor de atmosfeer kan uitzetten. ver voorbij de kern van de ster. Deze uitgezette atmosfeer is verantwoordelijk voor veel van de waargenomen kenmerken van de ster, zoals de lage oppervlaktetemperatuur en de hoge helderheid.

RW Cefei

De ster RW Cephei, ook bekend als V712 Cephei, is een veranderlijke ster in het sterrenbeeld Cepheus. Het is een van de helderste sterren die we in de Melkweg kennen, met een schijnbare magnitude van 5,7 tot 11,5. De ster is geclassificeerd als een rode superreus en behoort tot de spectraalklasse M3-M5.

De eerste vermelding van RW Cephei werd gemaakt in 1895 door de Amerikaanse astronoom Edward Pickering, die het opnam in een lijst met veranderlijke sterren. Sindsdien is de ster uitgebreid bestudeerd en gevolgd door astrofysici en astronomen van over de hele wereld.

Het belangrijkste kenmerk dat RW Cephei zo interessant maakt, is de variabiliteit. De omvang varieert onregelmatig in perioden die kunnen duren van enkele dagen tot enkele decennia. Variatiecycli op korte termijn (die enkele dagen tot enkele weken duren) worden veroorzaakt door pulsen van uitzetting en samentrekking van de ster, terwijl cycli op lange termijn (decennia duren) kunnen worden veroorzaakt door veranderingen in de interne structuur van de ster. of door de invloed van een begeleidende ster. Naast variabiliteit zijn andere interessante kenmerken van RW Cephei de massa, straal en temperatuur. Recente schattingen suggereren dat de massa van de ster ongeveer 25 keer die van de zon is, terwijl de straal ongeveer 1200 keer die van de zon is. Dit betekent dat als de ster op de plaats van de zon zou worden geplaatst, deze verder zou reiken dan de baan van de zon. De temperatuur van Jupiter is relatief laag voor zo'n massieve ster, met een effectieve temperatuur van ongeveer 3.500 K.

De ster staat ook bekend als een bron van radiostraling. De radio-emissies worden veroorzaakt door elektronen die worden versneld in magnetische velden in de atmosfeer van de ster. Recente studies suggereren dat RW Cephei mogelijk een bron van röntgenstraling genereert, mogelijk als gevolg van interactie met een begeleidende ster.

In termen van stellaire evolutie nadert RW Cephei het einde van zijn leven. Het is bekend dat rode superreuzen thermonucleaire explosies ervaren, die de uitstoting van hun buitenste atmosfeer en de vorming van planetaire nevels kunnen veroorzaken. RW Cephei heeft echter nog geen tekenen van een thermonucleaire explosie vertoond.

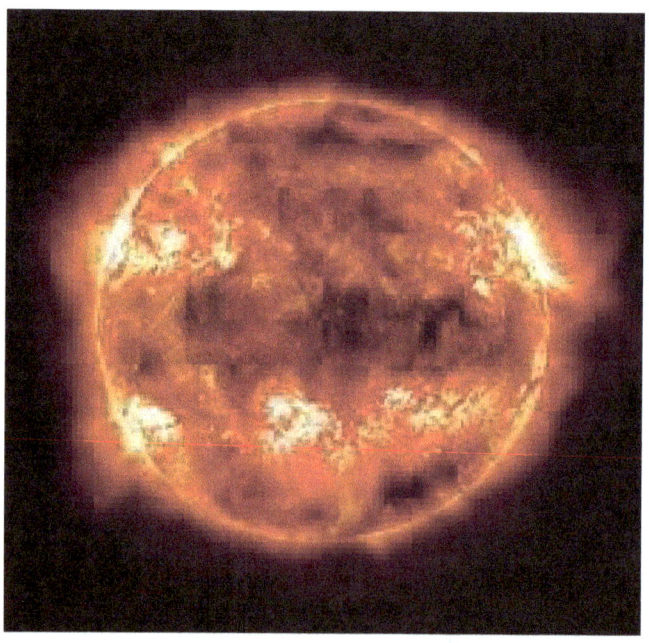

RW Cephei bevindt zich op een afstand van ongeveer 4 KPC (Kiloparcescs) van de aarde. Deze afstand is erg groot en maakt directe waarneming van de ster moeilijk, maar astronomen kunnen hem bestuderen met behulp van telescopen en gevoelige instrumenten, zoals ruimtetelescopen. Deze afstand tot de aarde is een van de redenen waarom er nog veel ontdekt moet worden over deze ster en andere rode superreuzen. Astronomie blijft nieuwe technologieën en technieken ontwikkelen om afstandsuitdagingen te overwinnen en meer te leren over deze fascinerende en complexe sterren.

Qua chemische samenstelling is RW Cephei een ster die extreem rijk is aan zware elementen zoals koolstof, zuurstof en metalen. Deze elementen worden in de ster geproduceerd door middel van kernreacties die plaatsvinden bij hoge temperaturen en drukken.

Het is ook bekend dat het een grote hoeveelheid stof in zijn atmosfeer heeft. Dit stof bestaat uit microscopisch kleine deeltjes vast materiaal, zoals silicaten en grafiet, die zich vormen in de buitenste lagen van de ster. De aanwezigheid van stof kan invloed hebben op de manier waarop de ster licht uitzendt en kan in de loop van de tijd variaties in de helderheid veroorzaken.

Bovendien is RW Cephei een ster die bekend staat om zijn sterke stellaire winden, deze winden worden gevormd door geladen deeltjes die met hoge snelheden vanaf het oppervlak van de ster worden weggeslingerd. Stellaire winden zijn verantwoordelijk voor het transporteren van materiaal van de ster naar het interstellaire medium, wat bijdraagt aan de vorming van nieuwe sterren en planeten.

Omdat het een eenzame rode superreus is, betekent dit dat hij niet om andere sterren draait. Het bevindt zich in de Melkweg en beweegt samen met andere sterren in een baan rond het galactische centrum.
De omloopsnelheid van RW Cephei wordt beïnvloed door de massaverdeling in de melkweg, inclusief de massa van donkere materie, die astronomen nog niet kennen.

Wat de rotatie betreft, is bekend dat de rode superreuzen een lage rotatiesnelheid hebben, dit komt omdat deze sterren een zeer dikke en uitgezette atmosfeer hebben, waardoor de rotatie van de ster vertraagt door wrijving tussen hen. de buitenste lagen van de ster en het interstellaire medium. . Bovendien kan de aanwezigheid van sterke magnetische velden de rotatie van de ster verder beïnvloeden.

De rotatie van sterren is een belangrijke parameter om te begrijpen hoe ze in de loop van de tijd evolueren, en de lage rotatiesnelheid van RW Cephei is een belangrijke factor om rekening mee te houden bij studies naar zijn evolutie en gedrag. Nauwkeurige waarnemingen van de radiale snelheid van de ster kunnen worden gebruikt om de rotatiesnelheid te schatten, maar dit kan moeilijk zijn vanwege de complexiteit van de dikke atmosfeer van de ster en de beperkingen van de momenteel beschikbare waarnemingstechnieken.

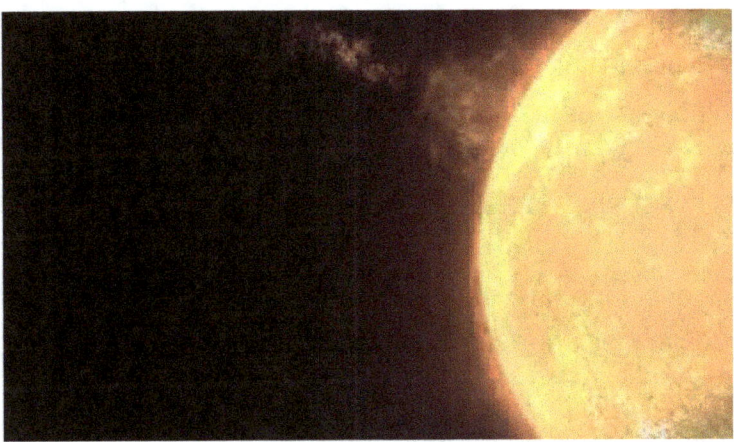

Poolster (Polaris, α UMi, α Ursa Minor, Alpha Ursa Minor)

De Poolster, ook bekend als de Poolster of Polaris, is een ster die zichtbaar is vanaf het noordelijk halfrond van de aarde en die een sleutelrol speelt in astronomische navigatie en oriëntatie. In dit hoofdstuk zullen we de Poolster in detail bespreken, inclusief de locatie, geschiedenis, fysieke kenmerken en culturele betekenis.

De Poolster is een ster van klasse F7 in het sterrenbeeld Ursa Minor. Hij is overal ten noorden van de evenaar zichtbaar en is als zodanig een belangrijke referentiester voor zowel navigators als astronomen. De positie van de Poolster is redelijk stabiel, waardoor het een betrouwbaar hulpmiddel is om de richting van het noorden te bepalen. De Poolster is echter niet de helderste ster aan de nachtelijke hemel, maar hij is relatief eenvoudig te identificeren omdat hij de dichtstbijzijnde ster is bij het punt waar alle lengtelijnen samenkomen.

De geschiedenis van de Poolster gaat duizenden jaren terug. In het oude Griekenland stond de ster bekend als "Phoenice", wat "fenix" betekent, en werd gezien als een symbool van vernieuwing en wederopstanding. In de

Noorse mythologie werd de Poolster geassocieerd met een godin genaamd Frigg, die werd gezien als de bewaker van de lucht en de sterren. In de Chinese cultuur stond de Poolster bekend als "Zhen", wat "het ware noorden" betekent, en werd gezien als een symbool van begeleiding en stabiliteit.

De fysieke kenmerken van North Star zijn ook behoorlijk interessant. Het is een geel-witte ster, met een schijnbare magnitude van ongeveer +2,0. Qua grootte is het ongeveer 6 keer groter dan de zon en heeft het een oppervlaktetemperatuur van ongeveer 6.000 graden Celsius. Polar Star is ook een dubbelster, bestaande uit twee kleinere sterren die om elkaar heen draaien.

De Poolster wordt al eeuwenlang gebruikt voor astronomische navigatie. Door de geschiedenis heen hebben mensen de ster gebruikt om de richting van het noorden te bepalen, wat de land- en zeenavigatie ten goede kwam. Met de uitvinding van de astrolabium en de sextant werd de Poolster nog nuttiger voor navigatie.

Sterren zoals Polaris ontstaan uit wolken van interstellair
gas en stof die instorten onder hun eigen zwaartekracht.
Wanneer de kern van deze wolk dicht en heet genoeg

wordt, begint het waterstof tot helium te fuseren, waarmee het proces van kernfusie op gang komt. Tijdens dit proces komt energie vrij en vindt een reeks kernreacties plaats, waardoor zwaardere chemische elementen ontstaan.

De chemische samenstelling van de Poolster wordt bepaald door de spectrale analyse van het licht dat het uitzendt. Deze techniek omvat het verstrooien van licht van de ster in een spectrum van kleuren, dat kan worden gebruikt om te bepalen welke chemische elementen in de ster aanwezig zijn, en in welke hoeveelheid. De chemische elementen waaruit de Poolster bestaat, zijn onder meer waterstof, helium, koolstof, stikstof, zuurstof, neon, magnesium, silicium, zwavel, ijzer, nikkel en andere zwaardere elementen.

Waterstof is het meest voorkomende element in de Poolster, met ongeveer 71% van zijn totale massa. Helium is het op een na meest voorkomende element, met ongeveer 27% van zijn totale massa, de andere chemische elementen zijn aanwezig in veel kleinere hoeveelheden, met minder dan 1% van zijn totale massa.

De chemische samenstelling van de Poolster is belangrijk omdat het ons helpt te begrijpen hoe sterren evolueren. Naarmate een ster ouder wordt en zijn nucleaire brandstof opraakt, begint hij zwaardere elementen samen te smelten, waardoor nieuwe chemische elementen ontstaan.

Deze elementen komen vervolgens vrij in de ruimte wanneer de ster explodeert als een supernova, waardoor het interstellaire medium wordt verrijkt met nieuwe chemische elementen. Door de chemische samenstelling van sterren zoals de Poolster te analyseren, kunnen we beter begrijpen hoe chemische elementen worden gemaakt en verspreid over het universum.

Volgens de meest recente metingen bevindt de Poolster zich op ongeveer 434 lichtjaar van de aarde. Dit betekent dat het licht dat de ster uitstraalt er ongeveer 434 jaar over doet om ons te bereiken.

De bepaling van de afstand tot de Poolster werd uitgevoerd met verschillende astronomische technieken. Een van de meest gebruikte technieken is stellaire parallax.[6]. Met deze techniek konden astronomen de

---

[6] In de astronomie wordt stellaire parallax gebruikt om de afstand tot sterren

afstand tot de Poolster meten met een nauwkeurigheid van ongeveer 1%.

Wat zijn baan betreft, is de Poolster een eenzame ster, dat wil zeggen dat hij geen naaste metgezellen heeft. Het draait rond het centrum van de Melkweg, samen met onze zon en miljarden andere sterren. Zijn baan duurt ongeveer 25,4 miljoen jaar en zijn snelheid ten opzichte van het centrum van de melkweg is ongeveer 19,5 km/s.

Wat zijn rotatie betreft, het is een langzaam roterende ster, hij draait rond zijn eigen as in ongeveer 25,4 dagen, wat relatief langzaam is in vergelijking met andere vergelijkbare sterren. Deze langzame rotatie kan worden verklaard door de gevorderde leeftijd van de ster, die wordt geschat op ongeveer 70 miljoen jaar.

Het is vermeldenswaard dat de poolster zeer dicht bij de noordelijke hemelpool staat, het denkbeeldige punt aan de hemel waar de sterren omheen lijken te draaien vanwege de rotatie van de aarde.

---

te meten met behulp van de beweging van de aarde in haar baan. Het is de hoek die wordt gevormd door de stralen die beginnen vanuit het centrum van een ster en een in het centrum van de aarde zullen hebben, een andere op het punt waar de waarnemer zich bevindt.

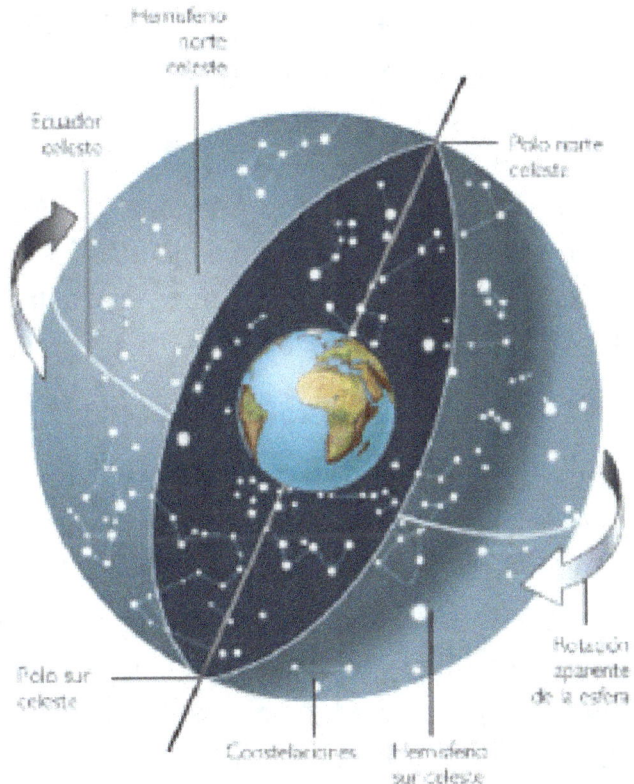

Zwanen NML-V1489 Zwanen

De ster NML Cygni is een van de grootste en helderste sterren die de mensheid kent. Gelegen in het sterrenbeeld Cygnus, ongeveer 1,6 KLP (kiloparsecs) van de aarde, is het een rode superreus met een geschatte straal van ongeveer 1800 keer de straal van de zon.

NML Cygni werd in 1965 ontdekt door een team van astronomen onder leiding van Neugebauer, Martz en Leighton en ontleent zijn naam aan de laatste initialen van de ontdekkers. Sindsdien is de ster door veel astronomen bestudeerd vanwege zijn uitzonderlijke grootte en helderheid.

Een van de meest opvallende kenmerken van NML Cygni is de helderheid. Het zendt een enorme hoeveelheid energie uit, gelijk aan ongeveer 500.000 keer de helderheid van de zon. Dit maakt het een van de helderste sterren die met het blote oog zichtbaar zijn. De temperatuur is ook behoorlijk hoog en bereikt ongeveer 3.300 graden Celsius aan het oppervlak.

NML Cygni is ook een variabele ster, wat betekent dat de helderheid en temperatuur in de loop van de tijd veranderen. Het doorloopt een cyclus van regelmatige pulsen, met een periode van ongeveer 940 dagen, wat zijn toekomstige evolutie kan beïnvloeden.

Astronomen geloven dat deze ster zich in de laatste fase van zijn leven bevindt, wat betekent dat de brandstof in de kern bijna op is. Hierdoor verliest het massa, en naar schatting verliest het ongeveer een miljoenste van een zonnemassa per jaar. Dit massaverlies is zo groot dat de ster een gaswolk eromheen zou kunnen uitstoten, de zogenaamde circumstellaire envelop.

Cygni NML zou ook belangrijke implicaties kunnen hebben voor het begrijpen van stervorming en stellaire evolutie. Astronomen bestuderen de ster om te proberen te begrijpen hoe superreuzen zich vormen en evolueren, en hoe sterren zoals NML Cygni uiteindelijk zouden kunnen ontploffen als supernovae.

De chemische samenstelling van de ster is niet volledig bekend, aangezien het moeilijk is om nauwkeurige informatie over de binnenste lagen te verkrijgen. Uit spectroscopische studies hebben astronomen echter enige informatie over de elementen die aanwezig zijn in de atmosfeer van de ster.

NML Cygni is geclassificeerd als een rode superreus, wat betekent dat hij rijk is aan waterstof en helium, de meest voorkomende elementen in het universum. Daarnaast werden andere elementen zoals koolstof, zuurstof, stikstof, ijzer en silicium gedetecteerd, zij het in veel kleinere hoeveelheden.

De zwaardere elementen, zoals ijzer en silicium, worden meestal geproduceerd in de kern van sterren door kernreacties die optreden tijdens kernfusie.

In superreusachtige sterren zoals NML Cygni kunnen deze elementen echter in de buitenste lagen van de ster worden geproduceerd via een proces dat nucleosynthese wordt genoemd.[7]convectief

Omdat het zich in de laatste fase van zijn leven bevindt, kan het ook chemische verrijkingsprocessen ondergaan, zoals convectie van zwaarder materiaal van de binnenste naar de buitenste lagen van de ster. Deze processen kunnen in de loop van de tijd leiden tot een variatie in de chemische samenstelling van de ster.

---

[7] Nucleosynthese is het proces van het creëren van nieuwe atoomkernen uit reeds bestaande kernen om de rest van de elementen op het periodiek systeem te genereren.

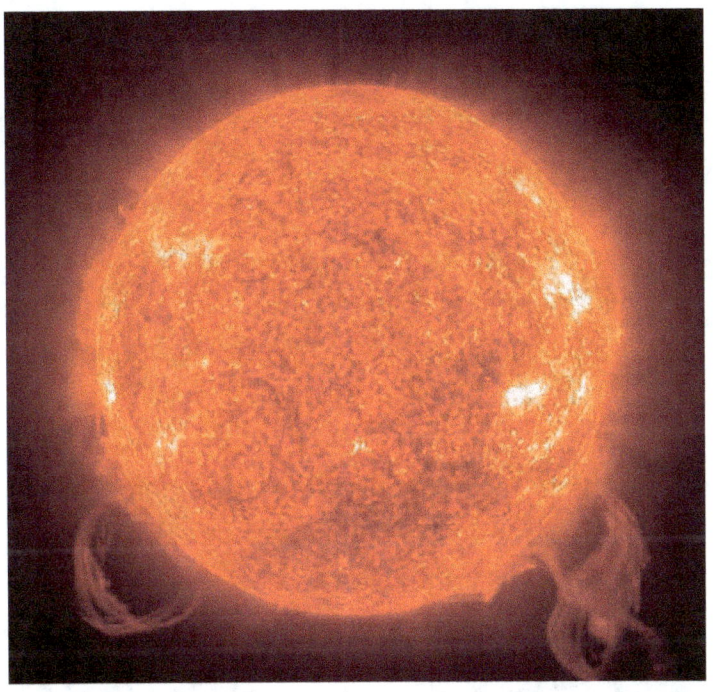

De baan van de ster is niet precies bekend, aangezien deze zich op grote afstand van de aarde bevindt en geen bekend sterrenstelsel heeft. Daarom is het moeilijk om zijn baan ten opzichte van andere sterren of hemellichamen te bepalen.

Wat de rotatie betreft, is bekend dat de NML Cygni een zeer langzame rotatie heeft. Als rode superreus heeft hij een zeer grote diameter en daardoor een langere rotatieperiode. Schattingen geven aan dat de rotatiesnelheid minder is dan 5 km/s, veel langzamer dan de rotatiesnelheid van de zon, die ongeveer 2 km/s is op de evenaar.

Belangrijk is dat vanwege zijn grote massa en omvang de interne zwaartekrachten in NML Cygni ook de rotatie kunnen beïnvloeden, waardoor de ster na verloop van tijd langzamer gaat draaien.

Deze informatie is belangrijk voor het begrijpen van de evolutie van sterren en het gedrag van sterren in verschillende stadia van hun leven.

Westerlund 1-26

De ster Westerlund 1-26 is een van de meest interessante en mysterieuze sterren die astronomen kennen. Gelegen in het centrale deel van de Carinanevel, op een afstand van ongeveer 3,52 klp (kiloparsec) van de aarde, heeft deze rode superreus de nieuwsgierigheid van wetenschappers over de hele wereld gewekt vanwege zijn bijzondere kenmerken.

Westerlund 1-26 werd in 1961 ontdekt door de Zweedse astronoom Bengt Westerlund, die hem identificeerde als een zeer heldere en ongewone ster. Sindsdien zijn er verschillende onderzoeken uitgevoerd om de kenmerken en eigenschappen ervan beter te begrijpen.

Een van de belangrijkste kenmerken van de Westerlund 1-26 is de grootte. Met een geschatte diameter van ongeveer 1500 keer die van de zon, is het een van de grootste bekende sterren en classificeert het als een rode superreus. Bovendien is het extreem helder, met een schijnbare magnitude van ongeveer 12, waardoor het gemakkelijk zichtbaar is door krachtige telescopen.

Een andere bijzonderheid van Westerlund 1-26 is de hoge temperatuur. Studies tonen aan dat de oppervlaktetemperatuur 20.000 graden Celsius kan bereiken, waardoor het een van de heetste sterren is die we kennen. Deze hoge temperatuur wordt geassocieerd met zijn helderheid, omdat het een grote hoeveelheid energie uitzendt in de vorm van zichtbare en ultraviolette straling.

Bovendien is Westerlund 1-26 ook een onstabiele ster, wat betekent dat zijn helderheid en temperatuur in de loop van de tijd fluctueren. Deze instabiliteit houdt verband met zijn leeftijd, die relatief jong is in astronomische termen, ongeveer 3 miljoen jaar. Gedurende deze tijd heeft het verschillende evolutionaire fasen doorlopen, zoals de samensmelting van zwaardere elementen in zijn kern en de expansie van zijn atmosfeer.

Een ander aspect dat de aandacht van astronomen heeft getrokken, is de mogelijkheid dat Westerlund 1-26 een neutronenster in zijn binnenste herbergt. Deze hypothese is gebaseerd op waarnemingen die aangeven dat het omringd is door een ringvormige nevel, die mogelijk is ontstaan door een supernova-explosie. Indien bevestigd, zou deze ontdekking van groot belang zijn voor het begrijpen van de fysica van neutronensterren en stervormingsprocessen in het algemeen.

De chemische samenstelling van de ster Westerlund 1-26 is een zeer belangrijk aspect om de kenmerken en evolutie ervan te begrijpen. De beschikbare informatie over de chemische samenstelling van deze ster is echter beperkt en nog niet volledig vastgesteld.

Volgens sommige studies wordt deze ster als zeer metaalrijk beschouwd, wat betekent dat hij relatief veel zware elementen in zijn atmosfeer bevat. Enkele chemische elementen die in de atmosfeer zijn geïdentificeerd, zijn waterstof, helium, koolstof, stikstof, zuurstof, silicium en ijzer.

Spectroscopische waarnemingen van Westerlund 1-26 suggereren dat het een grotere hoeveelheid ijzer heeft in verhouding tot waterstof dan de zon, wat erop kan wijzen dat het gevormd is uit met metaal verrijkt gas. Een ander stukje informatie, de aanwezigheid van koolstof in de atmosfeer, geeft aan dat het mogelijk een convectief mengproces heeft doorlopen, waarbij de zwaardere elementen van de kern naar de oppervlakte worden getransporteerd.

De huidige waarnemingen geven echter geen duidelijk beeld van de chemische samenstelling van Westerlund 1-26. Verder onderzoek is nodig om een beter begrip te krijgen van de overvloed aan chemische elementen in deze ster en hoe deze in de loop van de tijd kan zijn geëvolueerd.

De baan van de ster Westerlund 1-26 rond het centrum van de Carinanevel is nog niet precies bepaald. Dit komt omdat het zich in een zeer dicht en turbulent gebied bevindt, waardoor het moeilijk is om nauwkeurige waarnemingen te verkrijgen. Bovendien bevindt de ster zich in een zeer compacte sterrenhoop, wat het bepalen van zijn baan nog moeilijker maakt.

Wat de rotatie betreft, geven studies aan dat het een langzame rotatie heeft, met een geschatte equatoriale snelheid van ongeveer 20 km/s. Dit is relatief laag voor een ster met een extreem grote omvang en een geschatte massa van ongeveer 20 zonsmassa's.

De langzame rotatiesnelheid van Westerlund 1-26 kan worden verklaard door het feit dat het op een bepaald punt in zijn evolutie getijdenkoppeling heeft ondergaan met een begeleidende ster. Dit proces vindt plaats wanneer twee sterren zo dichtbij zijn dat de zwaartekracht van de ene de vorm van de andere beïnvloedt, waardoor hun rotaties synchroniseren.

Een andere relevante factor is de aanwezigheid van een sterk magnetisch veld op het oppervlak, wat ook kan bijdragen aan langzame rotatie. Dit komt omdat het magnetische veld van de ster een kracht kan uitoefenen die de rotatie van de ster blokkeert, waardoor deze niet sneller kan draaien.

Alpha-stuurprogramma's (kapel)

De Capella-ster is een dubbelster in het sterrenbeeld Auriga, op ongeveer 42 lichtjaar van de aarde. Het is een van de helderste sterren aan de nachtelijke hemel, met een schijnbare magnitude van ongeveer 0,1. Capella is een gele reuzenster die ongeveer 2,5 keer zo zwaar is als de zon en ongeveer 10 keer helderder. De ster is zichtbaar voor het blote oog en is een van de meest bestudeerde sterren door astronomen.

De Capella-ster kreeg zijn naam van een Latijns woord dat 'kleine geit' betekent, verwijzend naar het sterrenbeeld Auriga, dat een wagenmenner voorstelt die geiten op zijn schoot houdt. De Capella-ster is een dubbelster die bestaat uit twee G-type sterren, die op een gemiddelde afstand van ongeveer 0,74 AU (astronomische eenheden) om elkaar heen draaien. Deze afstand is ongeveer dezelfde afstand tussen de zon en Venus.

De baan duurt ongeveer 104 dagen om één omwenteling te voltooien.
Capella A is de helderste ster in het systeem en is geclassificeerd als een gele reuzenster. De oppervlaktetemperatuur is ongeveer 4.800 Kelvin en de straal is ongeveer 12 keer die van de zon. Capella B, de tweede ster in het systeem, is kleiner en zwakker dan ster A. Het is ook een G-type ster, maar is geclassificeerd als een superreus. De oppervlaktetemperatuur is ongeveer 5.500 Kelvin en de straal is ongeveer 8 keer die van de zon.

Astronomen bestudeerden de Capella-ster met behulp van verschillende technieken, waaronder visuele waarnemingen, spectroscopie en interferometrie. Spectroscopische waarnemingen hebben aangetoond dat de Capella A- en B-sterren qua chemische samenstelling en leeftijd sterk op elkaar lijken, wat suggereert dat ze samen gevormd en geëvolueerd zijn. Interferometrische waarnemingen onthulden dat Capella A een uitgestrekte atmosfeer heeft, wat verwacht wordt voor een reuzenster.

De Capella-ster wordt al eeuwenlang gebruikt als referentiepunt voor navigatie. Het was een van de vier sterren die bekend stonden als "de nautische sterren", die werden gebruikt om zeilers te helpen zich op zee te oriënteren. Bovendien wordt Capella vaak gebruikt als kalibratiester in astronomische studies, vanwege de bekende helderheid en relatieve nabijheid van de aarde.

Spectroscopische en interferometrische waarnemingen hebben een schat aan informatie over de ster opgeleverd, waaronder de chemische samenstelling, leeftijd, temperatuur en grootte. De Capella-ster is een belangrijk object voor zowel astronomie als navigatie, en is een uitstekend voorbeeld van hoe astronomen sterren bestuderen en begrijpen.

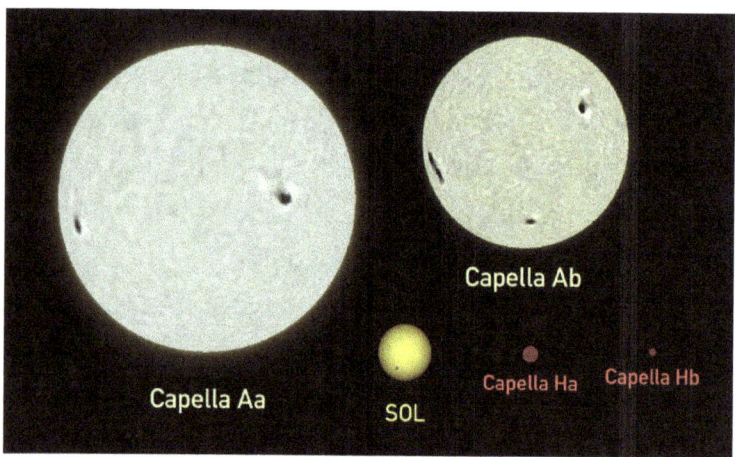

Capella Ab

Capella Aa

SOL

Capella Ha   Capella Hb

Bovendien is Capella een zeer interessant sterrenstelsel om de evolutie van sterren te bestuderen. Hoewel sterren A en B qua chemische samenstelling en leeftijd sterk op elkaar lijken, hebben ze verschillende afmetingen en temperaturen, wat suggereert dat ze anders zijn geëvolueerd. Het is bekend dat sterren van het G-type een fase doormaken waarin ze rode reuzen worden, die zo uitdijen dat ze nabije planeten kunnen opslokken. Het bestuderen van Capella zou astronomen kunnen helpen beter te begrijpen hoe sterren evolueren en wat de gevolgen van die evolutie zijn.

Spectroscopische studies van het licht dat wordt uitgestraald door sterren hebben onthuld dat ze voornamelijk zijn samengesteld uit waterstof en helium, de meest voorkomende elementen in het universum. Bovendien zijn sporen van andere, zwaardere elementen in hun atmosfeer gedetecteerd, waaronder koolstof, stikstof, zuurstof, ijzer, silicium, magnesium en andere.

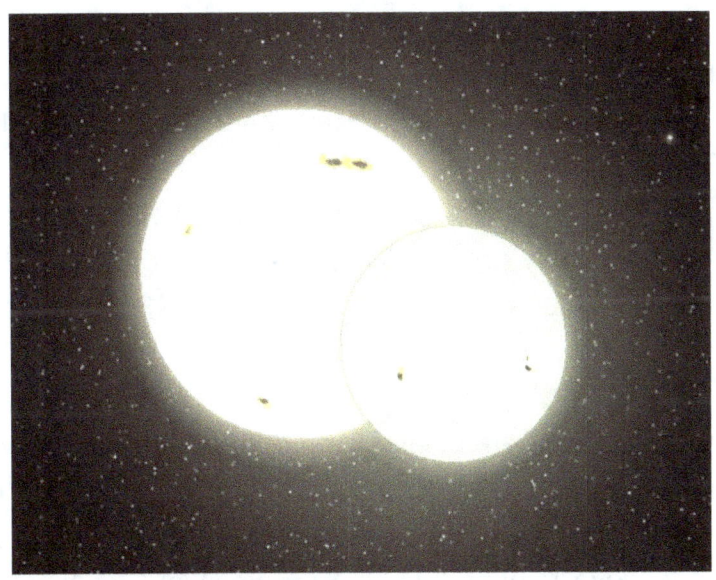

RMC 136a1

De ster RMC 136a1 is een van de meest opmerkelijke sterren in ons sterrenstelsel, de Melkweg. Gelegen in de Tarantulanevel in de Grote Magelhaense Wolk, is RMC 136a1 een van de zwaarste en helderste sterren die we kennen, met een geschatte massa van ongeveer 315 keer de massa van de zon. In dit hoofdstuk presenteren we de belangrijkste kenmerken van de ster RMC 136a1, evenals zijn rol in de evolutie van sterren.

Zijn fysieke kenmerken laten zien dat het een Wolf-Rayet-ster is, een klasse van zeer massieve en hete sterren die veel van hun buitenste waterstoflagen hebben verloren. De effectieve temperatuur van de ster wordt geschat op ongeveer 50.000 Kelvin, waardoor het een van de heetste sterren is die we kennen. Bovendien heeft de ster een extreem hoge helderheid, ongeveer 8,7 miljoen keer de helderheid van de zon.

RMC 136a1 is een dubbelster, wat betekent dat hij bestaat uit twee sterren die om elkaar heen draaien. De begeleidende ster wordt geschat op ongeveer 25 keer de massa van de zon en draait in een periode van ongeveer 20 dagen om de moederster.

Deze ster speelt een belangrijke rol in de evolutie van sterren, vooral bij de vorming van zwarte gaten. Als een zeer massieve ster evolueert RMC 136a1 snel en put zijn nucleaire brandstof uit op een relatief korte tijdschaal in vergelijking met minder massieve sterren. Wanneer dat gebeurt, stort de ster in elkaar en explodeert als een supernova, waarbij een stellair overblijfsel achterblijft.

In dit geval zal de supernova-explosie waarschijnlijk resulteren in de vorming van een zwart gat. Bovendien is RMC 136a1 ook een belangrijke bron van ioniserende straling in de Tarantulanevel, waardoor het belangrijk is voor het begrijpen van de vorming en evolutie van HII-gebieden, die gebieden van geïoniseerde waterstof zijn.

De chemische samenstelling van de ster RMC 136a1 is een voortdurend evoluerend onderzoeksgebied en wordt nog niet volledig begrepen. Studies tonen echter aan dat de ster een chemische samenstelling heeft die relatief rijk is aan zware elementen zoals koolstof, zuurstof, stikstof, silicium en ijzer.

Door analyse van het spectrum van de ster konden de astronomen vaststellen dat RMC 136a1 relatief weinig helium bevat in vergelijking met minder massieve sterren. Bovendien heeft de ster ook een relatief hoge hoeveelheid stikstof, wat consistent is met zijn classificatie als een Wolf-Rayet-ster.

Spectraalanalyse suggereert ook dat de ster RMC 136a1 mogelijk verrijkt is met zware elementen geproduceerd in supernovae, wat consistent is met zijn grote massa en snelle evolutie. Er is echter verder onderzoek nodig om de chemische samenstelling van de ster volledig te begrijpen en hoe deze zich verhoudt tot zijn stellaire evolutie.

UY AFGESCHERMD

De ster UY Scuti is een fascinerend astronomisch object dat grote belangstelling heeft gewekt bij de wetenschappelijke gemeenschap en het grote publiek. Het is een rode superreus in het sterrenbeeld Scutum, wiens fysieke kenmerken hem tot de grootste bekende sterren in het universum plaatsen.

Volgens de huidige schattingen heeft UY Scuti een massa van ongeveer 30 keer die van de zon en een straal van ongeveer 1700 keer die van de zon. Deze metingen zijn echter nog steeds onderhevig aan enige onzekerheid, vanwege de moeilijkheid om nauwkeurige waarnemingen van sterren zo ver weg te verkrijgen. De afstand ten opzichte van de aarde is ongeveer 2912,65 parsec, wat betekent dat het licht dat door deze ster wordt uitgestraald er meer dan 9000 jaar over doet om ons te bereiken.

Spectrale analyse van UY Scuti heeft de aanwezigheid van verschillende chemische elementen in de atmosfeer onthuld, naast waterstof en helium, zoals koolstof, zuurstof, ijzer en andere zware metalen. Deze elementen worden geproduceerd door kernreacties in de kern van de ster en worden door convectieprocessen naar de oppervlakte getransporteerd.

Er is weinig bekend over de baan van UY Scuti rond het centrum van de Melkweg, maar er wordt aangenomen dat hij in een elliptische baan beweegt en er miljoenen jaren over doet om één volledige omwenteling te voltooien. Wat de rotatie van de ster betreft, geven de waarnemingen aan dat het een ster met lage snelheid is, die ongeveer 740 dagen nodig heeft om een volledige rotatie rond zijn as te voltooien. Deze waarde is vrij ongebruikelijk voor een ster van deze omvang, en de oorzaken van dit fenomeen zijn nog niet volledig begrepen.

Het begrijpen van de structuur en evolutie van sterren zoals UY Scuti is van fundamenteel belang voor het bestuderen van de vorming en evolutie van sterrenstelsels en het universum als geheel. Bovendien spelen rode superreusachtige sterren zoals deze een belangrijke rol bij de chemische verrijking van het interstellaire medium, door de emissie van zware elementen die in hun kernen worden geproduceerd en door de ruimte worden voortgeplant via stellaire winden.

Ten slotte is het belangrijk om te benadrukken dat de observatie en studie van verre sterren zoals UY Scuti essentieel zijn om onze kennis over het universum en zijn complexiteit te verbreden. Ondanks de technische problemen die ermee gepaard gaan, heeft de vooruitgang in de astronomie het mogelijk gemaakt om steeds nauwkeurigere informatie over deze objecten te verkrijgen, waardoor nieuwe mogelijkheden ontstaan om het universum waarin we leven te verkennen.

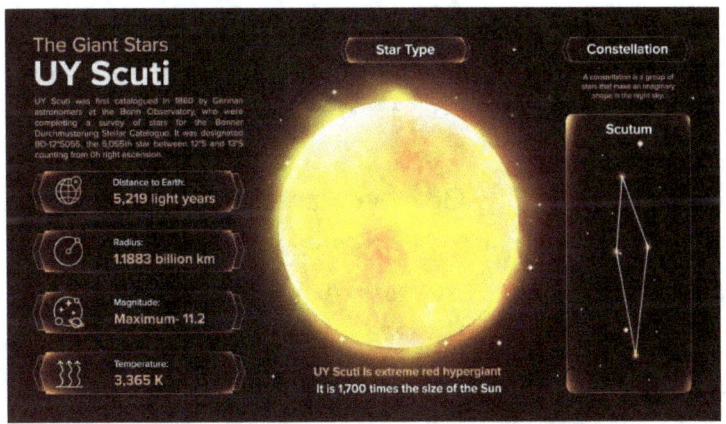

WO G64

De ster WOH G64 is een rode superreus in de Grote Magelhaense Wolk, een satellietstelsel van de Melkweg. Met een schijnbare magnitude van ongeveer 13 is deze ster erg helder en kan hij worden gezien met middelgrote amateurtelescopen.

Een van de grootste bekende sterren, met een geschatte straal van ongeveer 1500 keer de straal van de zon, deze rode superreus is ook erg massief, met een geschatte massa van ongeveer 25 keer de massa van de zon.

Bovendien is WOH G64 een zeer oude ster, met een geschatte leeftijd van ongeveer 10 miljoen jaar. De waarneming levert belangrijke informatie op voor het begrijpen van de evolutie van sterren. Rode superreuzen zoals deze ster zijn late stadia in de evolutie van massieve sterren en geven aanwijzingen over de evolutie van massieve sterren. Vooral WOH G64 is een van de helderste sterren die we kennen en kan nuttige informatie verschaffen over de evolutie van sterren onder extreme omstandigheden.

Waarnemingen met telescopen in het zichtbare en infrarode spectrum onthullen interessante kenmerken van de atmosfeer van deze ster. Spectroscopische waarnemingen hebben bijvoorbeeld de aanwezigheid onthuld van een geëxpandeerde gasschil rond de ster, de circumstellaire omhulling. De aanwezigheid van deze omhulling suggereert dat WOH G64 een intense fase van massaverlies doormaakt, met de verdrijving van grote hoeveelheden gas in zijn omgeving.

Andere waarnemingen geven aan dat deze ster op het punt staat te exploderen als een supernova. Hoewel het niet mogelijk is nauwkeurig te voorspellen wanneer dit zal gebeuren, suggereren theoretische modellen dat dit in de nabije toekomst zou kunnen gebeuren, in astronomische termen.

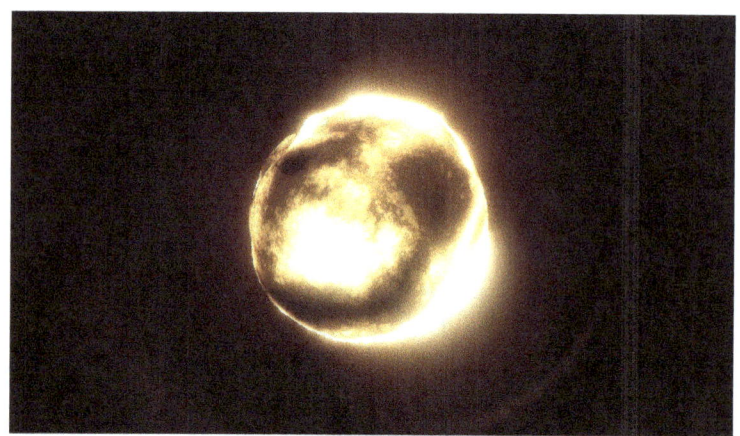

De chemische samenstelling van de ster WOH G64 is een actief onderwerp van studie onder astronomen. Spectraalanalyse van de ster suggereert echter dat de atmosfeer rijk is aan waterstof en helium, zoals gebruikelijk is bij sterren. Bovendien werden sporen van zwaardere elementen zoals koolstof, zuurstof en stikstof gedetecteerd.

Spectroscopische waarnemingen van de ster hebben ook de aanwezigheid van enkele minder gebruikelijke chemische elementen in de atmosfeer onthuld. Er werden bijvoorbeeld sporen van lithium, beryllium en boor gedetecteerd, die normaal gesproken moeilijk te detecteren zijn in sterren vanwege hun lage gehalte. De aanwezigheid van deze elementen suggereert dat WOH

G64 mogelijk meng- en chemische verrijkingsprocessen heeft ondergaan tijdens zijn stellaire evolutie.

Spectraalanalyse van de ster suggereert dat deze mogelijk is verrijkt met elementen die worden geproduceerd door geavanceerde nucleaire processen, zoals het s-proces en het r-proces. Deze processen vinden plaats onder extreme omstandigheden, zoals botsingen met supernova's en neutronensterren, en produceren elementen die zwaarder zijn dan ijzer. De aanwezigheid van deze elementen in WOH G64 kan aanwijzingen geven voor de oorsprong van deze elementen in zware sterren.

RIGEL

De ster van Rigel is een van de helderste sterren die met het blote oog zichtbaar zijn aan de nachtelijke hemel. Gelegen in het sterrenbeeld Orion, is het een blauwe B-klasse superreusster en heeft een schijnbare magnitude van ongeveer 0,18. Door zijn positie aan de nachtelijke hemel is hij gemakkelijk te herkennen door zowel amateur- als professionele astronomen.

De Rigel-ster heeft een geschatte massa van ongeveer 23 keer de massa van de zon en een geschatte diameter van ongeveer 78 keer de diameter van de zon. Het is een jonge ster, geschat op ongeveer 10 miljoen jaar oud. Ter vergelijking: de zon wordt geschat op ongeveer 4,6 miljard jaar oud. Rigel bevindt zich op een afstand van ongeveer 860 lichtjaar van de aarde.

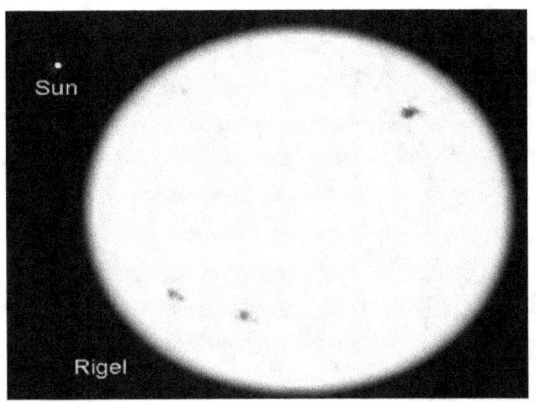

De helderblauwe kleur van de ster Rigel wijst op zijn relatief hoge oppervlaktetemperatuur, die wordt geschat op ongeveer 12.000 Kelvin. Door de hoge temperatuur van Rigel zendt het veel ultraviolette en zichtbare straling uit. Deze straling is verantwoordelijk voor de helderheid van de ster en is ook de energiebron voor de ionisatie van gassen in het omringende interstellaire medium.

Rigel is een veranderlijke ster, wat betekent dat de lichtkracht in de loop van de tijd enigszins varieert. De variatie in de helderheid van de ster is te wijten aan de pulsatie van het oppervlak, wat kan worden waargenomen als veranderingen in de breedte van de spectraallijnen van het spectrum.

De ster Rigel staat ook bekend als een binair systeem, bestaande uit een hoofdster en een kleinere metgezel. De exacte aard van de metgezel is niet goed begrepen, maar het is mogelijk dat het een B- of O-kleine ster is.

Vanwege zijn briljante helderheid en locatie in het sterrenbeeld Orion, is de ster Rigel al eeuwenlang het object van observatie en studie door astronomen. Het is een belangrijke bron van informatie over stellaire evolutie en stellaire fysica in het algemeen.

De chemische samenstelling van de ster Rigel is vergelijkbaar met die van andere sterren in zijn klasse. Als een blauwe superreus van klasse B is hij, zoals de meeste sterren, grotendeels gemaakt van waterstof en helium. Het bevat echter ook aanzienlijke hoeveelheden zwaardere elementen zoals koolstof, stikstof, zuurstof, silicium en ijzer.

De zwaardere elementen worden geproduceerd door kernfusie in de kern van de ster, waar de temperatuur en druk extreem hoog zijn. Tijdens het leven van een ster als

Rigel ondergaat hij een reeks kernreacties die deze zwaardere elementen produceren. Wanneer de ster het einde van zijn leven bereikt, kan hij exploderen in een supernova, deze elementen in de ruimte verspreiden en de melkweg verrijken met de elementen waaruit planeten en andere levensvormen bestaan.

Spectrale analyse van het licht dat wordt uitgestraald door de ster Rigel kan informatie verschaffen over de chemische samenstelling ervan. Door middel van spectroscopietechnieken kunnen astronomen de spectraallijnen van verschillende elementen in uw atmosfeer identificeren en de relatieve hoeveelheid van die elementen bepalen.

Over het algemeen lijkt de chemische samenstelling van de ster Rigel erg op die van andere sterren in zijn klasse, maar de analyse van zijn spectraallijnen kan belangrijke informatie opleveren over de evolutie van sterren en de vorming van elementen in het universum.

De Rigel-ster heeft een zeer hoge rotatiesnelheid en draait eens in de 10,4 aardse dagen rond zijn as. Dat is ongeveer 17 keer sneller dan de rotatiesnelheid van de zon. Vanwege zijn hoge rotatiesnelheid is Rigel een ster afgeplat aan de polen, met een equatoriale diameter die 50% groter is dan de pooldiameter.

De baan van deze ster is ook interessant voor astronomen. Rigel is een eenzame ster en maakt geen deel uit van een binair of meervoudig sterrenstelsel. Het bevindt zich echter in het sterrenbeeld Orion, dat veel heldere jonge sterren bevat en zich ten opzichte van ons zonnestelsel beweegt met een snelheid van ongeveer 24,4 km/s.

De baan van de ster Rigel rond het galactische centrum van de Melkweg wordt geschat op ongeveer 250 miljoen jaar. Dit betekent dat sinds Rigel werd gevormd, het ongeveer 4 banen rond het galactische centrum heeft voltooid. De positie van Rigel aan de nachtelijke hemel verandert ook voortdurend als gevolg van de eigen beweging van de ster in de ruimte. Juiste beweging is de schijnbare verandering in de positie van een ster aan de nachtelijke hemel ten opzichte van andere achtergrondsterren, veroorzaakt door de werkelijke beweging van de ster in de ruimte.

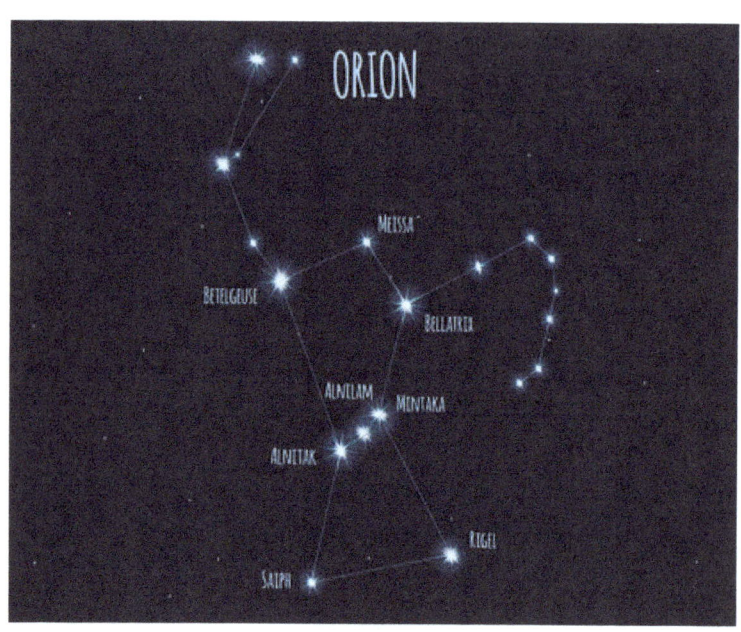

ZWARTE STERREN

Zwarte sterren zijn een zeldzaam en intrigerend astronomisch fenomeen dat de interesse van de wetenschappelijke gemeenschap heeft gewekt. In tegenstelling tot conventionele sterren stralen zwarte sterren geen zichtbaar licht uit en zijn daarom moeilijk te detecteren. In dit hoofdstuk bespreken we wat zwarte sterren zijn, hoe ze worden gevormd en wat hun rol is in het universum.

Wat zijn de zwarte sterren? Zwarte sterren zijn extreem compacte en dichte sterren, met zo'n massa dat de zwaartekracht kan voorkomen dat er licht uit ontsnapt. Hierdoor stralen ze geen zichtbaar licht uit en zijn ze vrijwel onzichtbaar voor conventionele telescopen. Hun bestaan kan alleen worden gedetecteerd door de zwaartekrachteffecten die ze uitoefenen op andere sterren en nabije hemellichamen.

Deze sterren worden gevormd door de explosie van massieve sterren, ook wel supernova's genoemd. Tijdens een supernova explodeert de ster en wordt de resterende kern samengedrukt door een extreem sterke zwaartekracht, waardoor een neutronenster ontstaat. Als de massa van de neutronenster nog groter is, kan hij verder instorten en een zwarte ster vormen.

Deze sterren spelen een fundamentele rol in het universum, omdat ze verantwoordelijk zijn voor het handhaven van de stabiliteit van sterrenstelsels. De aantrekkingskracht van donkere sterren houdt sterren en planeten dicht bij hen in een baan om de aarde, waardoor ze niet kunnen ontsnappen naar de intergalactische ruimte. Verder kunnen zwarte sterren ook een belangrijke rol spelen bij de productie van kosmische straling en de vorming van zwarte gaten.

Een donkere ster hoeft geen waarnemingshorizon te hebben en kan al dan niet een overgangsfase zijn tussen een instortende ster en een singulariteit. Een donkere ster ontstaat wanneer materie wordt gecomprimeerd met een snelheid die aanzienlijk lager is dan de vrije valsnelheid van een hypothetisch deeltje dat naar het centrum van deze ster valt, vanwege het feit dat kwantumprocessen vacuümpolarisatie creëren, wat een vorm van degeneratieve druk creëert. voorkomen dat ruimtetijd (en de daarin gevangen deeltjes) tegelijkertijd dezelfde ruimte innemen. Deze energie is theoretisch onbeperkt, en als het snel genoeg opbouwt, zal het voorkomen dat de ineenstorting van de zwaartekracht een singulariteit creëert. Dit kan een steeds lager instortingspercentage impliceren,

Een zwarte ster met een straal die iets groter is dan de voorspelde waarnemingshorizon voor een zwart gat met dezelfde massa, zal zichtbaar erg zwak lijken, omdat bijna al het geproduceerde licht terugkeert naar de ster. Elk licht dat ontsnapt, wordt ernstig beïnvloed door de zwaartekracht, waardoor een roodverschuiving (ook bekend als roodverschuiving) bij die helderheid ontstaat. Het zal bijna precies lijken op een zwart gat.

Zal Hawking-straling hebben[8], aangezien virtuele deeltjes die in de buurt zijn gemaakt, nog steeds kunnen splitsen, waarbij het ene deeltje ontsnapt en het andere vast komt te zitten. Bovendien zal het Planck-warmtestraling creëren die lijkt op de verwachte equivalente Hawking-straling van een zwart gat.

Het voorspelde binnenste van een zwarte ster zal bestaan uit deze vreemde staat van ruimte-tijd, waarbij elke dieptelengte naar binnen loopt en er hetzelfde uitziet als een zwarte ster met een vergelijkbare massa en straal zonder de lijkwade. Temperaturen nemen toe met de diepte naar het centrum toe.

---

[8] Deze straling werd voorspeld uit theoretische overwegingen van zowel dealgemene relativiteitstheoriehoeveel vanklassieke thermodynamica. De oorspronkelijke redenering werd getrokken door een Israëlische wetenschapper genaamdJacob Bekenstein, die had gesuggereerd dat zwarte gaten eenentropiegoed gedefinieerd, wat op zijn beurt zou suggereren dat ze ook eentemperatuureven goed omschreven. In het licht van deze voorspelling wordt Hawking-straling soms Bekestein-Hawking-straling genoemd.

NEUTRONEN STERREN

Neutronensterren zijn een van de meest fascinerende en raadselachtige objecten in het universum. Het zijn compacte overblijfselen van massieve sterren die geen nucleaire brandstof meer hebben en door de zwaartekracht zijn ingestort. Vanwege hun ongelooflijke dichtheid hebben neutronensterren extreme fysieke eigenschappen, waardoor ze het onderwerp van grote belangstelling en studie in de astrofysica zijn.

Neutronensterren ontstaan uit supernova's, die optreden wanneer een massieve ster al zijn nucleaire brandstof opgebruikt en de zwaartekracht van zijn kern onhoudbaar wordt. Op dat moment stort de kern van de ster in elkaar en vormt een extreem dichte bol van materie met een diameter van ongeveer 20 kilometer. Deze bol bestaat voornamelijk uit neutronen, dit zijn subatomaire deeltjes zonder elektrische lading, en is omgeven door een atmosfeer van elektronen en protonen.

De dichtheid van materie in neutronensterren is zo hoog dat een theelepel van hun materie op aarde miljoenen tonnen zou wegen. Ook draaien neutronensterren zeer snel, met rotatiesnelheden tot honderden keren per seconde. Deze snelle spin is het resultaat van het principe van behoud van impulsmoment, waardoor de rotatiesnelheid toeneemt naarmate de ster kleiner wordt.

Neutronensterren worden gedetecteerd door hun emissie van elektromagnetische straling, die kan worden waargenomen in verschillende banden van het elektromagnetische spectrum, waaronder röntgenstralen, gammastralen en radiogolven. Deze straling wordt geproduceerd door verschillende fysische processen die plaatsvinden in neutronensterren, zoals snelle rotatie, sterke magnetische velden en interactie met materiaal in hun omgeving.

Een van de meest intrigerende eigenschappen van neutronensterren is hun extreem intense magnetische veld, dat miljarden keren sterker kan zijn dan het magnetische veld van de aarde. Dit sterke magnetische veld creëert een gebied van plasma rond de ster dat bekend staat als de magnetosfeer, dat in wisselwerking staat met het interstellaire medium en radio-emissies kan produceren.

In deze systemen draaien de sterren rond een gemeenschappelijk zwaartepunt en kunnen ze interageren door zwaartekracht en door stralingsemissies, wat complexe en fascinerende effecten oplevert.

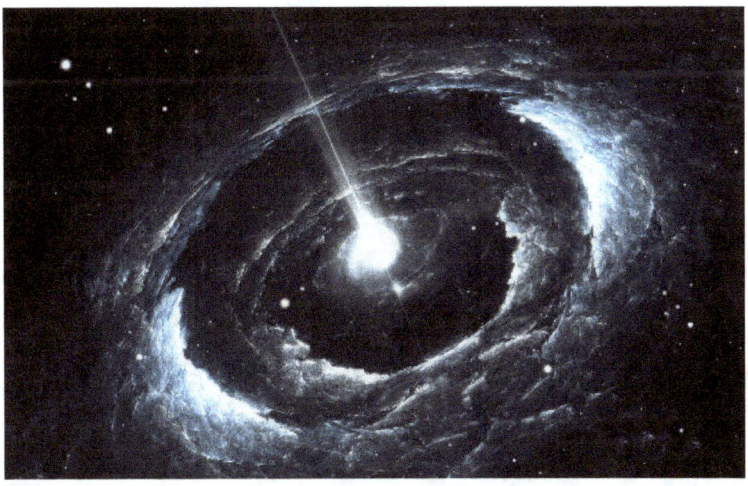

Neutronensterren kunnen ook binaire systemen vormen met andere sterren, waardoor complexe effecten ontstaan. De studie van neutronensterren is essentieel voor het begrijpen van hoge-energiefysica en het universum als geheel.

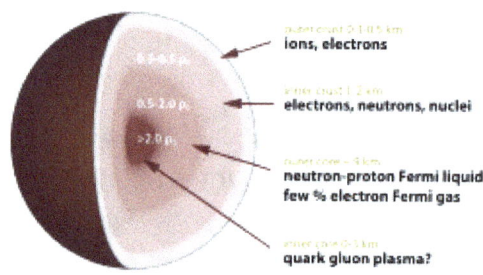

Structuur van een neutronenster

Pulsars zijn zeer kleine, zeer dichte neutronensterren. Pulsars kunnen een zwaartekrachtveld hebben tot een miljard keer dat van de aarde. Het zijn waarschijnlijk overblijfselen van ingestorte sterren of supernova's. Naarmate een ster energie verliest, wordt de materie naar het centrum toe samengedrukt en wordt het steeds dichter. Hoe meer de materie van de ster naar het centrum toe beweegt, hoe sneller hij draait.

Ze kochten een constante stroom energie. Deze energie wordt geconcentreerd in een stroom vanelektromagnetische deeltjeswaaruit wordt uitgegevenmagnetische polenvan de ster Terwijl de ster draait, wordt de energiestraal verstrooid door deruimte, zoals het pakketlichtvan eenvuurtoren. Alleen als de straal deLandis dat we pulsars kunnen detecteren door middel van radiotelescopen. Het licht dat wordt uitgezonden door pulsars in dezichtbare spectrumHet is zo klein dat het niet mogelijk is om het vanaf te observerenblote oog. Alleen radiotelescopen kunnen de sterke energie die ze uitzenden detecteren.

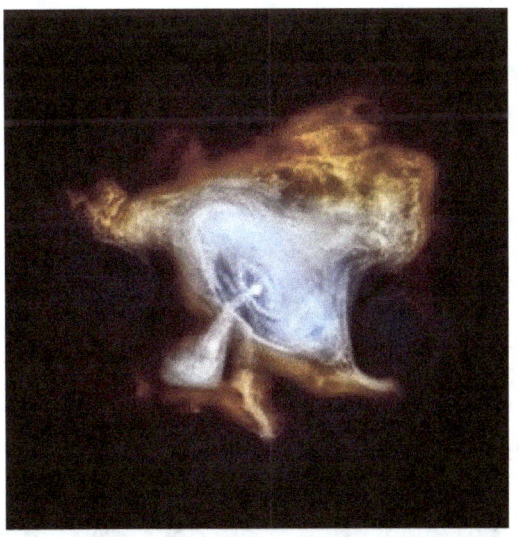

De krab wordt gestampt. Deze afbeelding combineert optische informatie verzameld door Hubble (in rood) en röntgenfoto's van Chandra (in blauw).

de pulsarREP 1913+16is een systeem waar neutronensterren omheen cirkelen met een maximale afstand van een enkele straalzonne-tussen hen. Het beweegt snel en waarnemingen geven aan dat de omlooptijd van dit systeem relatief snel zou moeten afnemen, gezien het sterke signaal.zwaartekracht golf; sinds 1975 is de periode al met 10 seconden afgenomen.

acceleratie schijfin het geval vansupernieuwvoorkomen in een binair systeem, kan de begeleidende supernova enige schade oplopen aan zijn oppervlaktelagen (en toch blijven leven), omdat elk deel van het binaire systeem zijn eigen druppelvormige domein van zwaartekracht genereert, die samenvloeien in de vorm van een " 8" vormt eenequipotentiaal oppervlak; telefoontje vanRoche lob(alle punten hebben hetzelfde zwaartekrachtpotentieel). Een neutronenster zal zich vormen naast een andere naburige ster uit de supernova. Wanneer de naburige ster één wordtrode reus, vult de lob, zijn gas zal er doorheen spiraalvormig in de richting van de neutronenster stromenlagrange puntvan de kwab (onstabiel evenwichtspunt waardoor materie kan worden overgedragen). Dat gas dat door zijn rotatie in de neutronenster wordt gezogen, zal er een dikke schijf omheen vormen; zo'n schijf wordt genoemdaanwas.

De wrijving die bestaat tussen de gaslagen in nauwe banen langs de accretieschijf leidt tot verlies van impulsmoment en neerwaartse spiraal naar het oppervlak van de neutronenster. Het spiraalvormige gas beweegt zich in het zwaartekrachtveld van de neutronenster, zodat zijn zwaartekrachtenergie wordt omgezet in thermische energie in de accretieschijf.

In het binnenste deel van de accretieschijf komt gravitatie-energie met grotere intensiteit vrij, waarbij een gemiddelde temperatuur van miljoenen graden wordt bereikt. In dit gebied is een enorme energiebron aanwezig, waar veel straling wordt uitgestoten, zoals ultraviolette stralen en röntgenstralen. De druk op de neutronenster kan aanzienlijk toenemen als er relatief veel gas uit de schijf van neutronensteraanwas wordt overgebracht; op deze manier wordt energie geaccumuleerd en zo wordt uiteindelijk gas uit de neutronenster verdreven, wat sterke gasstromen in zijn baan veroorzaakt.

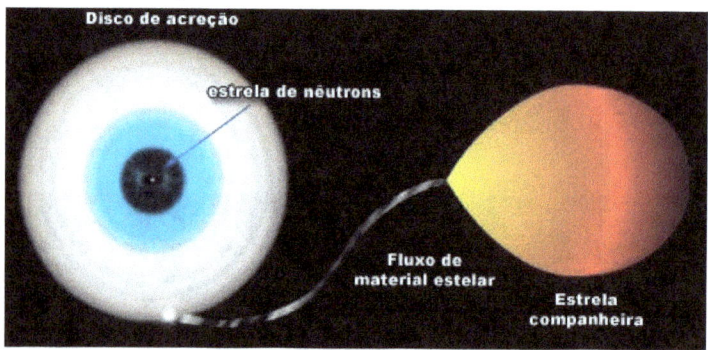

LAATSTE OVERWEGINGEN

Aan het einde van dit boek over de sterren van het universum kunnen we zeggen dat deze hemellichamen echte kosmische wonderen zijn. Ze zijn verantwoordelijk voor het creëren van chemische elementen, voor de productie van licht en warmte, en zijn ook een van de belangrijkste elementen waaruit sterrenstelsels bestaan.

We hebben geleerd dat sterren kunnen variëren in grootte, temperatuur, kleur en helderheid, wat hun levenscyclus en uiteindelijk lot aanzienlijk kan beïnvloeden. Sommige sterren exploderen uiteindelijk tot supernova's, terwijl andere zwarte gaten of neutronensterren kunnen worden.

Sterren spelen ook een belangrijke rol in ons bestaan, omdat ze verantwoordelijk zijn voor het licht dat we overdag zien, voor het opwarmen van onze planeet en voor het leveren van essentiële elementen voor het leven, zoals koolstof en zuurstof.

Er valt echter nog veel te ontdekken over de sterren en het universum waarin we leven. Naarmate de wetenschap vordert, stellen nieuwe technologieën en onderzoeksmethoden ons in staat sterren te bestuderen en hun oorsprong, evolutie en rol in de kosmos beter te begrijpen.

Kortom, dit boek heeft ons de omvang en complexiteit van de sterren in het universum laten zien en hoe essentieel ze zijn voor ons begrip van de kosmos en ons bestaan zelf.

BIBLIOGRAFISCHE VERWIJZINGEN

Anglada-Escude, William; et al. (augustus 2016). "Een terrestrische planeetkandidaat in een gematigde baan rond Proxima Centauri". Van nature 536 (7617): 437-440. Startnummer: 2016Natur.536..437A. doi:10.1038/natuur19106

Bakker, J.; Bizarro, M.; Wittig, N.; Connelly, J.; Hakken, H. (2005). "Vroege planetesimale fusie vanaf een leeftijd van 4,5662 Gyr voor gedifferentieerde meteorieten". Van nature 436: 1127-1131. doi:10.1038/natuur03882

Barcelona, C.; Liberati, S.; Sonego, S.; Visser, M. (2008). "Het lot van de ineenstorting van de zwaartekracht in semi-klassieke zwaartekracht". Fysieke beoordeling D 77:044032. doi:10.1103/PhysRevD.77.044032. (in Engels)

Bessa Soares (9 februari 2011). De zon is een perfecte bol. Meer technologie. Toegang tot 30 juni 2021

Bonano, A.; Schlattl, H.; Paterno, L. (2008). "De leeftijd van de zon en de relativistische correcties in de EOS". Astronomie en astrofysica. 390: 1115-1118. doi:10.1051/0004-6361:20020749

Camenzind, Max (24 februari 2007). Compacte objecten in de astrofysica: witte dwergen, neutronensterren en zwarte gaten Springer Science & Business Media. blz. 269. ISBN 978-3-540-49912-1

Dearborn, David SP (2016). "Evolutionaire aanwijzingen voor Betelgeuze". Het astrofysische tijdschrift. 819. 7 pagina's. Startnummer: 2016ApJ...819....7D. arXiv:1406.3143v2. doi:10.3847/0004-637X/819/1/7

DeWarf, LE; Datin, KM; Guinan, EF (oktober 2010). "Röntgen-, FUV- en UV-waarnemingen van α Centauri B: bepaling van de langdurige magnetische activiteitscyclus en rotatieperiode". Het astrofysische tijdschrift. 722(1): 343-357. Startnummer: 2010ApJ...722..343D. doi:10.1088/0004-637X/722/1/343

Dolan, Michelle M.; Mathews, Toelage J.; Lam, Doan Duc; Lan, Nguyen Quynh; Herczeg, Gregory J.; dos Anjos, Sandra Evolutie van sterren in binaire systemen (pdf) . Instituut voor Sterrenkunde, Geofysica en Atmosferische Wetenschappen: Universiteit van São Paulo.

Edward F. Guinan; Richard J Wasatonic; Thomas J. Calderwood (8 december 2019). "ATel # 13341: Het flauwvallen van de nabijgelegen rode superreus Betelgeuse". Het telegram van de astronoom. Geraadpleegd op 11 januari 2023

ESO: Hoogste resolutie afbeelding van Eta Carinae tot nu toe verkregen incl. Afbeeldingen en animatie
Uit het onderzoek blijkt dat de zon de meest perfecte bol in de natuur is. www.apolo11.com. Toegang tot 30 juni 2021

G. Wallerstein; I. Iben zoon; P Parker; AM Boesgaard; GM Hale; Champagne AE; , Californië Barnes; F. KM-dppeler; VV Smit; RD Hofman; speciale effecten
Keer; C.Sneden; RN Boyd; BS Meyer; DL Lambert (1999).

Zie GCVS=Eta+Auto». Algemene catalogus van veranderlijke sterren @ Sternberg Astronomical Institute, Moskou, Rusland. Geraadpleegd op 12 november 2022

Glendenning, Norman K. (2012). Compacte sterren: kernfysica, deeltjesfysica en algemene relativiteitstheorie geïllustreerd Ed. [SL]: Springer wetenschap en zakelijke media. P. 1. ISBN 978-1-4684-0491-3 Pagina-uittreksel

Godier, S.; Rozelot, J.-P. (2000). Afvlakking van de zon en zijn relatie met de structuur van de tacocline en de ondergrond van de zon (pdf) . Astronomie en astrofysica. 355: 365-374. Startnummer:2000A&A...355..365G

Haensel, Pawel; Potekhin, Alexander Y.; Jakovlev, Dmitry G. (2007). Neutronen sterren [SL]: Springer. ISBN 0-387-33543-9

Ham, WT jr.; Müller, HA; Ruffolo, JJ Jr.; Guerry, D.III, (1980). «Zonne-retinopathie als functie van de golflengte: de betekenis ervan voor bescherming

Bril". In: Williams, TP; Baker, BN De effecten van constant licht op visuele processen. [SI]: Full Press. Pagina's. 319-346. ISBN: 0306403285

Harper, GM; et al. (juli 2017). "Een bijgewerkte astrometrische oplossing uit 2017 voor Betelgeuze". Het astronomisch tijdschrift. 154 (1): artikel 11, 6 p.

Startnummer: 2017AJ....154...11H. doi:10.3847/1538-3881/aa6ff9

Hellerbrock, Rafaël. "Wat is een neutronenster?" Braziliaanse school. Wat is natuurkunde? Allemaal netwerk. Opgehaald op 21 december 2022

Hitchcock, R. Timothy; Patterson, Patterson (1995). Radiofrequente elektromagnetische energieën en ELF: een handboek voor beroepsbeoefenaren in de gezondheidszorg. [EN]: John Wiley en zonen. P. 218. ISBN: 9780471284543

Howard RA; Mozes JD; Voetbal DG; Dere KP; Kok JW (2002). "Sun Earth Connection Coronaal en Heliosferisch Onderzoek (SECCHI)". Zonne-variabiliteit en zonnefysica-missies Vooruitgang in ruimteonderzoek. 29(12): 2017-2026

Keenan, Philip C.; McNeil, Raymond C. (oktober 1989). "De Perkins-catalogus van herziene MK-typen voor de coolste sterren". Astrophysical Journal Supplement-serie. 71:245-266. Startnummer:1989ApJS...71..245K. doi:10.1086/191373

Kervella, P.; Mignard, F.; Merand, A.; Thévenin, F. (oktober 2016). "Sluit stellaire conjuncties van α Centauri A en B tot 2050. Een ster mK = 7,8 kan in 2028 de Einstein-ring van α Cen A binnengaan." Astronomie en astrofysica. 594: A107, 15.

Kiziltan, Bulent (2011). Fundamenten opnieuw beoordeeld: over de evolutie, leeftijden en massa's van neutronensterren. [SI]: Universele redactionele artikelen. ISBN 1-61233-765-1

Lodders, K. (2003). "Overvloed van het zonnestelsel en condensatietemperaturen van de elementen". Astrofysisch tijdschrift. 591 (2): 1220. doi:10.1086/375492

Miglio, A.; Montalbán, J. (oktober 2005). "Fundamentele stellaire parameters beperken met behulp van seismologie. Toepassing op α Centauri AB". Astronomie en astrofysica. 441(2):615629. Startnummer: 2005A&A...441..615M. doi:10.1051/0004-6361:20052988

Montarges, M.; Kervella, P.; Perrin, G.; Chiavasa, A.; Le Bouquin, J.-B.; Auriere, M.; Lopez Ariste, A.; Mathias, P.; Ridgway, ST; Lacour, S.; Haubois, X.; Berger, J.-P. (2016). "De nabije circumstellaire omgeving van Betelgeuse. IV.

VLTI/PIONIER interferometrische monitoring van de fotosfeer". Astronomie en astrofysica. 588:A130. Startnummer: 2016A&A...588A.130M. arXiv:1602.05108. doi:10.1051/0004-6361/201527028

NASA-satellieten vangen het begin van een nieuwe zonnecyclus op. PhysOrg (nieuws over wetenschap / natuurkunde). 4 januari 2008. Toegang tot 10 juli 2022. POT «De RXTE X-ray lichtkromme van Eta Carinae

O'Gorman, E.; et al. (augustus 2015). "Tijdsevolutie van de grootte en temperatuur van de uitgestrekte atmosfeer van Betelgeuse". Astronomie en astrofysica. 580: A101, 11 blz. Startnummer: 2015A&A...580A.101O. doi:10.1051/0004-6361/201526136
Orel, Thierry (augustus 2018). "Overzicht van de chemische samenstelling van α Centauri AB". Astronomie en astrofysica. 615: A172, 22.

Paardekooper, S.-J.; Leinhardt, ZM (maart 2010). "Planetsimale botsingen in binaire systemen". Maandelijkse mededelingen van de Royal Astronomical Society: brieven. 403(1): L64-L68.

Philips, 1995, blz. 78–79 Pesquisa Fapesp Magazine (8 maart 2012). «Onderzoeksmagazine Fapesp: Eta carinae, voorbij de zonsverduistering Robrade, J.; Schmitt, JHMM; Favata, F. (oktober 2005). "Röntgenstralen van α Centauri - Het dimmen van de zonne-tweeling". Astronomie en astrofysica. 442(1): 315-321. Startnummer: 2005A&A...442..315R. doi:10.1051/0004-6361:20053314

Samus, NN; Kazarovets, EV; Durlevich, OV; Kireeva, NN; Pastukhova, IN (januari 2009). "VizieR online gegevenscatalogus: algemene catalogus van variabele sterren (Samus +, 2007-2017)" . Vizier online gegevenscatalogus: B/gcvs. Startnummer:2009yCat....102025S

Schutz, Bernard F. (2003). Zwaartekracht vanaf nul. [SL]: Cambridge University Press. Pagina's 98-99. ISBN 9780521455060

Seidelman; et al. (2000). Verslag van de IAU/IAG-werkgroep voor cartografische coördinaten en rotatie-elementen van planeten en satellieten: 2000". Ontvangen 22 maart 2006

Resultaat van de basisquery SIMBAD". SIMBAD Geraadpleegd op 9 januari 2023

Sol. Woordenboek van Aulete. Opgehaald op 14 april 2010. Gearchiveerd van het origineel op 6 juli 2022.

De vitale statistieken van de zon. Stanford zonnecentrum. Geraadpleegd op 29 juli 2008, onder verwijzing naar Eddy, J. (1979). Een nieuwe zon: de zonneresultaten van Skylab. [NL]: NASA. P. 37. NASASP-402

Visser, Matt; Barcelo, Carlos; Liberati, Stephen; Sonego, Sebastiano (2009) "Klein, donker en zwaar: maar is het een zwart gat?", Bibcode: 2009arXiv0902.0346V

Woolfson, M. (2000). "De oorsprong en evolutie van het zonnestelsel". Astronomie en Geofysica. 41. 1.12 pagina's. doi:10.1046/j.1468-4004.2000.00012.x
Zeilik, MA; Gregorius, SA (1998). Inleiding tot astronomie en astrofysica 4e druk. [SL]: Saunders College Publishing. P. 322. ISBN 0030062284

Zhang, Bing; Xu, RX; Qiao, GJ (2000). "Nature and nurture: een model voor zachte gammastraling-repeaters". Het astrofysische tijdschrift. 545(2): 127-129. Startnummer: 2000ApJ...545L.127Z. arXiv:astro-ph/0010225. doi:10.1086/317889. Geraadpleegd op 22 september 2021

Zhao, lelie; Visser, Debra A.; Brouwer, John; Giguere, Matt; Rojas-Ayala, Barbara (januari 2018). "Detecteerbaarheid van planeten in het Alpha Centauri-systeem". Het astronomisch tijdschrift. 155 lid 1: artikel 24, 12.